河南省通柘煤田的发现与地质特征

主　编　牛志刚

副主编　冯　斌　张兴辽

参　编　尹世才　宋　锋　李文前　王海泉

　　　　刘　卫　曹清章　徐东明　张宏伟

　　　　许亚坤　赵荣军　李贵明　刘全民

煤炭工业出版社

·北　京·

图书在版编目（CIP）数据

河南省通柘煤田的发现与地质特征/牛志刚主编 . --北京：
煤炭工业出版社，2018

ISBN 978-7-5020-6578-2

Ⅰ.①河… Ⅱ.①牛… Ⅲ.①煤田地质—地质特征—河南
Ⅳ.①P618. 110. 2

中国版本图书馆 CIP 数据核字（2018）第 074223 号

河南省通柘煤田的发现与地质特征

主　　编	牛志刚
责任编辑	罗秀全　郭玉娟
责任校对	尤　爽
封面设计	于春颖

出版发行　煤炭工业出版社(北京市朝阳区芍药居 35 号　100029)

电　　话　010-84657898(总编室)

　　　　　010-64018321(发行部)　010-84657880(读者服务部)

电子信箱　cciph612@ 126. com

网　　址　www. cciph. com. cn

印　　刷　北京玥实印刷有限公司

经　　销　全国新华书店

开　　本　787mm×1092mm¹/₁₆　印张　8¹/₂　字数　157 千字

版　　次　2018 年 5 月第 1 版　2018 年 5 月第 1 次印刷

社内编号　20180207　　　　　定价　38. 00 元

序

几天前，河南省国土资源厅差人送来一本《河南省通柘煤田的发现与地质特征》的印刷样稿，嘱我作序。

河南是我的家乡，这块中原沃土是生我养我的地方。我对家乡厚重淳朴的风物人情有很深的认同和情感，对河南的发展腾飞寄予深切的期望，对河南的美好未来充满信心。我曾长期在平煤工作，经常下矿井，上矿山，战斗在生产第一线，与那里的同事朝夕相处，喜乐与共，为平煤的发展和河南经济的腾飞不懈奋斗。在那里，留下了我的青春和汗水。

从大学毕业至今，50多年来，我一直与煤打交道——煤，煤矿，煤田；学煤，识煤，用煤。可以说，我每天都在发现煤，认识煤，研究煤，而所有的这一切，就是为了驯服沉睡于地下的"乌龙"，去掉它身上的燥气、邪气和恶气，让它改邪归正，变成黑金发光发热，为人类带来光明和温暖。这是我的工作，也是我为之奋斗一生的职业和理想。所以，当看到这本书稿时，我发自内心地高兴。

河南又发现了大煤田——通柘煤田。煤田西起通许，东到柘城，地跨商丘、周口、开封三市九县（区），面积约 7926 km^2。其煤炭资源量有280多亿吨，相当于3个平顶山煤田，是迄今为止河南省发现的最大煤田。通柘煤田的发现，对中国能源经济的贡献，对将来河南经济社会的发展和人民生活水平的提高，都将有着不可小觑的重要意义。

通柘煤田的发现与初步查明，是在国土资源部地质找矿新机制和实现找矿新突破"358"战略目标的总体工作安排基础上，河南省国土资源厅组织实施的省地质勘查基金（周转金）整装勘查项目重大成果，是一个利在当代、功在千秋的工程。

通柘煤田位于豫东大平原，为一个新生界覆盖层厚度千米以上的全隐伏煤田。通柘煤田的勘查，采用大网度地震概查—有利区地震预查—钻探验证地震成果—地震普查—钻探勘查的技术路线，取得了非常好的找矿效果，是在隐伏区开展煤炭勘查工作的成功范例。

通柘煤田的勘查工作，由河南省地质矿产勘查开发局、河南省有色金属地质矿产局、河南省煤田地质局所属的 19 个地质勘查单位共同承担，采用"总体部署，统一管理，分头实施"的作业模式，是一种创新，为整装勘查的大矿区管理模式提供了宝贵经验。

此次找矿成果，实现了豫东地区深部找矿的重大突破，极大丰富了河南省内的煤炭后备资源。由于该煤田埋藏较深，近期还不具备大规模开发条件。但我相信，随着矿业技术发展进步，将来这里会成为煤炭开发的重点。正所谓手中有粮，心中不慌，我们地下有煤，心里有底！

习近平总书记多次强调："绿水青山就是金山银山"。能源工业是一个国家的经济命脉，是国民经济发展的支柱，是人民赖以生存的基础和国家繁荣昌盛的保证。我国对能源问题高度重视，党中央多次强调，在进行经济建设的同时，不能以牺牲资源为代价，不能以牺牲环境为代价，更不能以牺牲生命为代价。煤炭是不可再生资源，总有一天会用干用尽，如果哪一天没有了资源，后果不堪设想。

煤炭是我国的基础能源和重要原料，在我国一次能源结构中，煤炭将长期占据主体能源地位。随着中国煤开采利用技术在科技创新上的蓬勃发展，煤矿清洁生产和循环经济，煤矸石、矿井水、煤层气（煤矿瓦斯）等资源综合利用水平不断提高，我国在节能减排上做出巨大的创举。近年来，我国在煤矿安全生产上总体占据世界领先水平，煤矿安全保障能力进一步提升。绿色开采、智能开采等在煤炭开发上也取得很大成就，以后我们还会做精、做细、做大、做强，给人类带来更大贡献。

我相信，随着国家政策的不断完善，科学技术的不断进步，不远的将来我们便能够科学合理地开发与利用煤炭资源，让煤既提供能源，又绿色环保，为人类造福。

让我们珍惜煤，珍惜煤田。

孙铁省

2018 年 3 月

前　　言

通柘煤田的发现与初步查明，是河南省国土资源厅贯彻落实国务院找矿突破战略行动，创新地质找矿新机制和实现找矿新突破"358"战略目标总体工作安排的基础上，组织实施的整装勘查项目重大成果。通柘煤田西起通许，东到柘城，面积约 7926 km²，其中 2000 m 以浅的资源量约 280 多亿吨，是迄今为止河南省发现的最大煤田，该煤田的发现对找矿工作具有里程碑意义。

本书是河南省地勘单位集体智慧与劳动的成果，其中项目主要完成单位包括河南省煤炭地质勘察研究总院、河南省地质矿产勘查开发局第四地质矿产调查院、河南省国土资源科学研究院、河南省煤田地质局物探测量队、河南省航空物探遥感中心，项目参与单位包括河南省地质矿产勘查开发局第三地质矿产调查院、河南省地质矿产勘查开发局第五地质勘查院、河南省地质矿产勘查开发局测绘地理信息院、河南省有色金属地质矿产局第一地质大队、河南省有色金属地质矿产局第三地质大队、河南省煤田地质局四队、河南省煤田地质局资源环境调查中心，项目主要参与人员包括安西峰、白领国、程文厚、蔡军、程建强、程成、程保顺、陈洁、陈良立、常斌、杜小冲、杜建松、丁子荣、董来启、方忆刚、樊景成、伏雄、郭祥云、郭海英、谷浩、韩伟、黄少震、黄婷、胡光华、何孝良、衡大鹏、建林青、姬彩飞、金路、介伟、刘素青、刘彦兵、刘庆献、刘永峰、刘润胜、刘文忠、刘艳、逯振芳、李静、李法岭、李照军、李丙奇、雒养社、李宁博、李松臣、李军、李惠杰、李士祥、李军旗、李普轩、李凤玲、卢书伟、吕树理、马宗凯、马骞、马庚杰、马宏卫、孟浩、木宗勇、牛然、彭智博、秦仁赞、邱顺才、祁建全、仇建军、秦彩霞、任静、沈权伟、石志衍、苏媛媛、盛杨、宋建军、宋利睿、宋春山、时光辉、孙锦屏、唐杰、吴文君、万小强、王平伟、王宏宇、王占胜、王云、王书宏、王闯、王星、王丽琳、王山东、王昆、王宗伟、薛冰、许军、鲜峰、许淑伟、徐春林、徐连利、杨现国、杨义栋、杨持恒、杨予生、杨琳、杨敏、袁观涛、颜少权、姚伟、闫丹、袁军民、赵明坤、赵玉琳、赵阳、赵智明、赵民、赵盼、赵海良、赵晓斌、张义函、张天增、张广平、曾文青、张欣、张连强、张建奎、张旭、张智慧、张兴辉、张满波、张琳、张家军、张四清、朱命和、朱德胜等，他们为本书的编写作出了重要贡献。在此，向他们表示衷心地感谢！同时，感谢中国工程院院士、河南理工大学教授张铁岗在百忙中为本书作序。

由于作者水平有限，书中内容若有不足之处，恳请读者予以指正。

编 者

2018 年 2 月

目　　次

1 概　　述

通柘煤田是在国土资源部地质找矿新机制和实现找矿新突破"358"战略目标总体工作安排的基础上，河南省国土资源厅组织实施的河南省地质勘查基金（周转金）整装勘查项目重大成果，由河南省睢县西部煤普查、河南省商丘地区胡襄煤普查和河南省通许隆起、开封凹陷区二维地震概查三大项目组成。

河南省睢县西部煤普查项目由 12 个子项目构成，由河南省煤炭地质勘察研究总院总体实施，其他 9 个单位参与施工。该项目于 2007 年开始施工。

河南省商丘地区胡襄煤普查项目由 9 个子项目整合组成，由河南省地质矿产勘查开发局第四地质矿产调查院组织实施，其他 6 个地勘单位参与施工。该项目于 2004 年 12 月开始施工。

河南省通许隆起、开封凹陷区二维地震概查项目由河南省国土资源科学研究院、河南省煤田地质局物探测量队组织实施，于 2011 年开始实施。

经过河南省地矿、煤田、有色、国土系统多个地质勘查单位 3 年的共同努力，2013 年底完成了通柘煤田的普查。通柘煤田煤层西起通许，东到柘城，在河南杞县一带之后向北延伸，形成了一个半环状。这条"乌龙"蕴藏着煤炭资源 282 亿 t，其中 1500 m 以浅的煤炭资源有 37 亿 t，初步查明 22.5 亿 t。这是迄今为止河南省发现的最大煤田。

1.1　位　置

通柘煤田位于河南省东部，地跨商丘、周口、开封三市，从东到西行政区划隶属于商丘市虞城县、睢阳区、柘城县、睢县，周口市鹿邑县、太康县、扶沟县及开封市的杞县、通许县。地理坐标范围为：东经 113°53′00″~115°48′49″，北纬 33°56′10″~34°16′33″，面积约 7926 km²。

1.2　交　通

通柘煤田东北距商丘市市区约 30 km，西距郑州市 140 km，北距陇海铁路与京九铁路交会处的商丘站约 35 km，京九铁路和济广（济南—广州）高速公路从煤田东部通过，

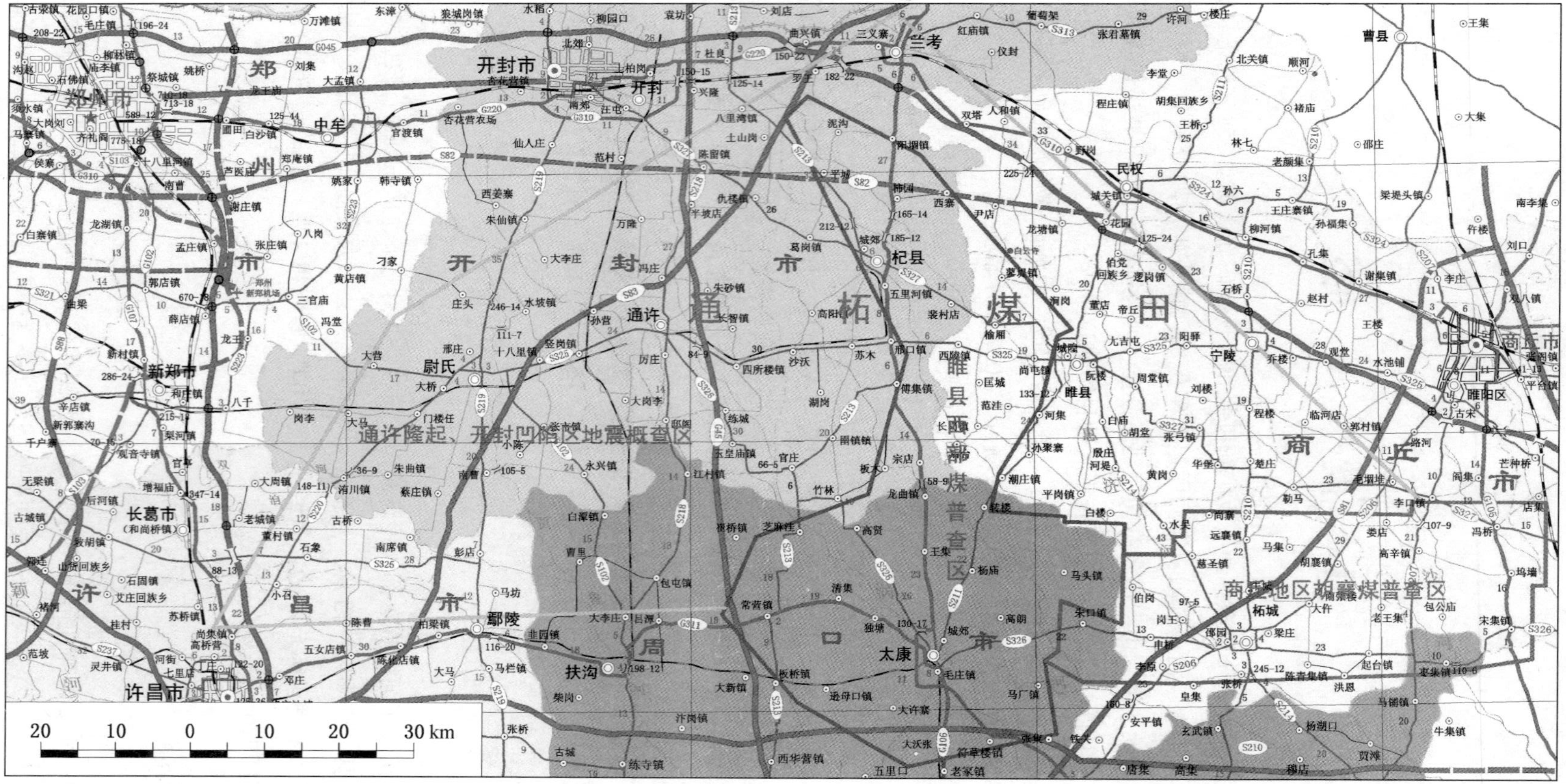

图 1-1 通柘煤田交通位置图

陇海铁路和连霍（连云港—霍尔果斯）高速公路从煤田北侧通过，大广（大庆—广州）高速公路从煤田西部通过，永登（永城—登封）高速公路从煤田南部通过，商周（商丘—周口）高速公路从煤田中部通过。煤田内由 105 国道、106 国道和省道、县乡间公路组成的公路网纵横交错，四通八达，交通十分便利。通柘煤田交通位置图如图 1-1 所示。

1.3　自然地理

通柘煤田地处黄淮冲积平原的中东部，地势平坦，呈北西高、东南低、微向东南倾斜之势，地面高程为 41~60 m，一般海拔为 55 m。煤田范围内为平原地貌，村庄密集。除城镇乡村居民点之外，均为良田沃土，植被覆盖良好。境内河流属淮河水系，西部有惠济河、废黄河，中部有太平沟、洮河、小洪河，东部有杨大河、大沙河，分别自北西方向流入，往南东方向流出。另外，还有许多用于农业排灌的人工沟渠。煤田区域属半干旱、半湿润温带大陆季风气候，一般春旱秋雨，夏热冬寒，四季分明。年平均气温14 ℃，年平均降雨量为 800 mm，多集中在 7 至 9 月份。夏季多东南风，冬季多北~西北风，最大风速达 18.3 m/s。

1.4　经济概况

通柘煤田所在的黄淮冲积平原是河南省的主要农业区，农产品资源丰富，适宜于农、林、牧、副、渔业的发展。主要粮食作物有小麦、玉米、红薯等，主要经济作物有棉花、花生、大豆、大蒜、烟叶、芝麻、油菜等。区内没有大型工业企业，除新近发现的煤炭资源外，无其他矿产资源。

区内地下潜水位距地表仅 2~5 m，水资源比较丰富，环境较好，基本无工业污染。电力由华中电网提供，可以满足地方工农业的需求。

1.5　以往地质工作

通柘煤田属第四系全覆盖区，基础地质和矿产地质研究程度均较低，曾有地质、煤炭、石油等部门的勘查单位在该区做过区域性重力、磁法、地震勘查、钻探等工作，但工作程度较低。以往区域地质工作主要有：

（1）1957 年，地矿部华北石油局普查大队在该区域做过地震找油工作，提交了《豫东地区地震普查总结报告》。通过该报告，我们对该区区域构造有了初步了解，并对该区的地质构造轮廓及基本特征有了初步认识。1985—1986 年，地矿部物探队在该区域进行了油田（地震）普查，完成地震测线数十条，总长数千公里，大致查明了通柘煤田的构造形态。

（2）1984 年 12 月，地矿部华北石油局第五普查大队在通柘煤田范围内施工了少量找油钻孔，多数见到了含煤地层。其中，柘城县东南的南 7 井完井深度为 2302.98 m，穿见了石炭二叠系的煤层 25 层，其中可采煤层 5 层，山西组的二$_1^2$煤层单层厚度最大（2.5 m），深度为 2097.81 m。通许县境内的华 5 井二$_1$煤层止深 1804 m，煤厚 7.9 m；南 8 井于埋深 2023~2075 m 下二叠系山西组见煤三层，总厚 7.3 m。通过上述钻孔，大致了解了该区的地层层序、含煤地层时代和含煤层位。

（3）1989—1993 年，河南煤田地质局物探测量队在宁陵—黄岗一带进行了地震找煤工作，控制面积 2800 km^2，提交了《宁陵—黄岗地震概查报告》，河南省煤田地质局以豫地字〔94〕03 号文审批通过。河南省煤田地质局三队施工了两个钻孔，对该地震解释成果进行了验证，3801 孔穿见二$_1^2$煤层厚度 3.10 m（深度 1063.91 m）；4801 孔穿见二$_1^2$煤层厚度 4.36 m（深度 1153.17 m），二$_1$煤层厚度 1.27 m（深度 1160.85 m）。上述钻孔成果为该区的地质勘查工作提供了可靠依据。

（4）1992 年 7 月，河南省煤田地质局物探测量队编制了《河南省通许含煤区煤炭资源预测与评价研究报告》，收集了大量石油、地矿及煤炭等系统的各类地质资料，对该区的地层分布、沉积环境、煤系赋存、构造特征等进行了研究分析，预测了该区 1000 m 以浅及 2000 m 以浅的煤炭资源量。

（5）2004 年 3 月至 2005 年 11 月，周口煤炭煤层气有限公司委托河南省煤炭地质勘察研究总院对河南省周口市太康含煤区进行了预查工作，勘查面积 527.1 km^2。项目完成二维地震物理点 10979 个，钻探工作量 5868.41 m（共 4 孔），其中 3 孔见到了可采煤层。钻探施工现场如图 1-2 所示。

上述地质工作为通柘煤田的整装勘查奠定了坚实的地质基础。

图 1-2　钻探施工现场

2 发现与勘查历程

根据以往地质资料，自 2004 年起各地勘单位在该区内分区块设置了多个预查项目。根据国土资源部地质找矿新机制和实现找矿新突破"358"战略目标的总体工作安排，河南省国土资源厅在已取得预查地质成果的基础上，部署了河南省睢县西部煤普查和河南省商丘地区胡襄煤普查两个煤炭整装勘查项目，2012 年又部署了上述整装勘查项目外围河南省通许隆起、开封凹陷区二维地震概查工作。经过河南省多个地质勘查单位 3 年多的合力攻坚，初步查明了通柘煤田这条巨型"乌龙"的基本情况。通柘煤田西起通许，东到柘城，位于地质学上的通许隆起。

通柘煤田各子项目关系如图 2-1 所示。

2.1 河南省睢县西部煤普查勘查工作

河南省睢县西部煤普查为 2009 年度省级地质勘查基金（周转金）续作项目，勘查历经预查、整装勘查普查和整装勘查普查（续作）3 个阶段。项目累计投入地质勘查资金 18771.55 万元。

2.1.1 预查阶段

2007—2009 年，该区范围内先后部署了 11 个预查项目，均为河南省地勘基金项目，累计投入勘查资金 2140.10 万元，完成二维地震物理点 16894 个，钻探工作量 14235.37 m（10 孔）。2007 年，河南省国土资源厅以豫国土资发〔2007〕6 号文下达了任务书，批准河南省柘城县慈圣镇西煤预查项目。

2007 年，河南省国土资源厅部署了 5 个新立项目（河南省睢县—榆厢北煤预查、河南省睢县城隍煤预查、河南省杞县唐屯煤预查、河南省睢县榆厢南区煤预查、河南省睢县长岗煤预查），以豫国土资发〔2008〕139 号文下达了任务书。

2008 年，河南省国土资源厅部署了 5 个新立项目（河南省睢县匡城煤预查、河南省杞县裴村店—睢县小马房煤预查、河南省睢县韩庄煤预查、河南省睢县潮庄集—张桥煤预查、河南省睢县王屯煤预查），以豫国土资发〔2009〕93 号文下达了任务书。各预查项目工作情况见表 2-1。

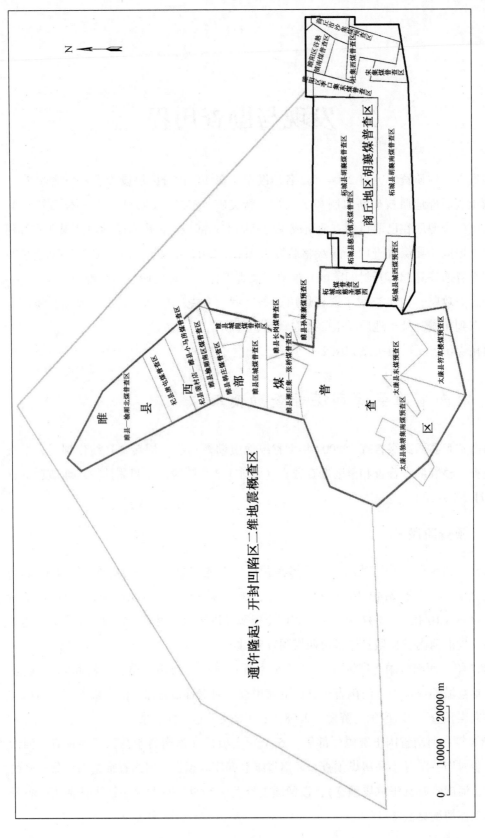

图2-1 通柘煤田子项目关系图

表 2-1　睢县西部煤预查项目工作情况一览表

序号	项目名称	承担单位	项目负责人	野外验收时间（年-月-日）	野外验收专家	野外验收评定等级
1	河南省睢县—榆厢北煤预查	河南省有色金属地质矿产局第十一地质队	刘彦兵	2010-07-28	李兴国、焦守敬、左玉明、杨根生、王勇	良好
2	河南省睢县城隍煤预查	河南省有色金属地质矿产局第十一地质队	刘彦兵	2010-07-28	李兴国、焦守敬、左玉明、杨根生、王勇	良好
3	河南省杞县唐屯煤预查	河南省有色金属地质矿产局第三地质大队	邱顺才	2010-07-22	张宗恒、焦守敬、左玉明	优秀
4	河南省杞县裴村店—睢县小马房煤预查	河南省煤田地质局四队	陈良立	2010-08-15	石彪、宋峰、张录星、李兆慧	优秀
5	河南省睢县榆厢南区煤预查	河南省有色金属地质矿产局第三地质大队	张旭	2010-01-20	张瑜麟、程广国、袁海明、支凤岐、韩长寿	优秀
6	河南省睢县韩庄煤预查	河南省煤炭地质勘察研究总院	杜小冲	2010-10-18	石彪、牛昆山、李兆慧、马革非、刁良勋、王勇	良好
7	河南省睢县匡城煤预查	河南省有色金属地质矿产局第一地质大队	邓斌	2011-03-10	焦守敬、郭友琴、杨根生、杨孝生	良好
8	河南省睢县潮庄集—张桥煤预查	河南省煤田地质局资源环境调查中心	董来启	2010-05-11	石彪、李兆慧、刁良勋、马革非、路桂景、王勇	优秀
9	河南省睢县长岗煤预查	河南省有色金属地质矿产局地球物理勘查队	曹清章	2009-09-22	杨根生	优秀
10	河南省睢县王屯煤预查	河南省有色金属地质矿产局第十一地质队	刘彦兵	2010-11-22	张宗恒、焦守敬、郭友琴、张巍、王勇	优秀
11	河南省柘城县慈圣镇西煤预查	河南省煤炭地质勘察研究总院	尹世才	2008-10-23	石彪、盛建海、马革非、王勇	优秀

1. 河南省睢县—榆厢北煤预查

河南省国土资源厅以《河南省国土资源厅关于下达 2007 年度探矿权 采矿权使用费及价款地质勘查招标项目任务书的通知》（豫国土资发〔2008〕139 号）下达了预查阶段的工作任务，下达的主要工作量为：钻孔 1 个（工作量 1200 m），完成二维地震物理点 1300 个。下达资金 154 万元。

2008 年 10 月，河南省有色金属地质矿产局第十一地质队组织人员进行了设计编制工作，并报河南省有色金属地质矿产局初审，后上报河南省国土资源厅审查。

2009 年 4—6 月，完成了预查的二维地震工作并提交了地震专项报告。2009 年 6 月 30 日，河南省有色金属地质矿产局组织专家对《河南省睢县—榆厢北区煤二维地震勘探报告》进行了审查。审查结果指出：因目的层埋藏深度较大，建议该区不进行下一步的钻探验证工作。预查阶段共完成二维地震物理点 1300 个。

2010 年 7 月 28 日，河南省有色金属地质矿产局组织专家对预查阶段野外资料进行了全面检查、验收，综合评定为良好级。在河南省睢县—榆厢北煤预查项目续作阶段，河南省有色金属地质矿产局第十一地质队将河南省睢县王屯煤预查和河南省睢县—榆厢北煤预查项目合并为河南省睢县—榆厢北煤普查项目，一并续作。

2. 河南省睢县城隍煤预查

河南省国土资源厅以《河南省国土资源厅关于下达 2007 年度探矿权 采矿权使用费及价款地质勘查招标项目任务书的通知》（豫国土资发〔2008〕139 号）下达了预查阶段的工作任务，下达的主要工作量为：钻孔 1 个（工作量 1200 m），完成二维地震物理点 1300 个。下达资金 150 万元。

2008 年 10 月，河南省有色金属地质矿产局第十一地质队组织人员进行了设计编制工作，并报河南省有色金属地质矿产局初审，后上报河南省国土资源厅审查。

2009 年 1—3 月，完成了预查的二维地震工作并提交了地震专项报告。2009 年 7—10 月，完成了 ZK0101 孔钻探验证及测井工作。预查阶段共完成二维地震物理点 1260 个，钻探 1 孔（工作量 1403.41 m），地球物理测井 1 孔（工作量 1400.61 m）。地球物理测井现场如图 2-2 所示。

2010 年 7 月 28 日，河南省有色金属地质矿产局组织专家对预查阶段野外资料进行了全面检查、验收，综合评定为良好级，建议该项目续作。

3. 河南省杞县唐屯煤预查

河南省国土资源厅以《河南省国土资源厅关于下达 2007 年度探矿权 采矿权使用费及价款地质勘查招标项目任务书的通知》（豫国土资发〔2008〕139 号）下达了预查阶段的工作任务，下达的主要工作量为：钻孔 1 个（工作量 1200 m），完成二维地震物理点 1350 个。下达资金 152.25 万元。

图 2-2　地球物理测井现场

2008 年 8 月，河南省有色金属地质矿产局第三地质大队组织人员进行了设计编制工作，并报河南省有色金属地质矿产局初审，后上报河南省国土资源厅审查。

2009 年 3—5 月，完成了预查的二维地震工作并提交了地震专项报告。2009 年 6—9月，完成了 TZK001 孔钻探验证及测井工作。预查阶段共完成二维地震物理点 1355 个，钻探 1 孔（工作量 1398.50 m），地球物理测井 1 孔（工作量 1395.80 m）。

2010 年 7 月 22 日，河南省有色金属地质矿产局组织专家对预查阶段野外资料进行了全面检查、验收，综合评定为优秀级，建议该项目续作。

4. 河南省杞县裴村店—睢县小马房煤预查

2009 年 7 月，河南省国土资源厅以《河南省国土资源厅关于下达 2008 年度省地质勘查基金（周转金）招标项目任务书的通知》（豫国土资发〔2009〕93 号）下达了预查阶段的工作任务，下达的主要工作量为：钻孔 1 个（工作量 1150 m），完成二维地震物理点 1000 个。下达资金 170 万元。

2009 年 7 月，河南省煤田地质局四队组织人员进行了设计编制工作，并报河南省煤田地质局初审，后上报河南省国土资源厅审查。2009 年 9—12 月，完成了预查的二维地震工作并提交了地震专项报告。

2010 年 3—7 月，完成了 01-1 孔钻探验证及测井工作。预查阶段共完成二维地震物理点 1005 个，钻探 1 孔（工作量 1459.85 m），地球物理测井 1 孔（工作量1452.45 m）。2010 年 8 月 15 日，河南省煤田地质局组织专家对预查阶段野外资料进行了全面检查、验收，综合评定为优秀级，建议该项目续作。

5. 河南省睢县榆厢南区煤预查

河南省国土资源厅以《河南省国土资源厅关于下达 2007 年度探矿权　采矿权使用

— 9 —

费及价款地质勘查招标项目任务书的通知》（豫国土资发〔2008〕139 号）下达了预查阶段的工作任务，下达的主要工作量为：钻孔 1 个（工作量 1230 m），完成二维地震物理点 1250 个。下达资金 149 万元。

2008 年 10 月，河南省有色金属地质矿产局第三地质大队组织人员进行了设计编制工作，并报河南省有色金属地质矿产局初审，后上报河南省国土资源厅审查。2008 年 12 月至 2009 年 2 月，完成了预查的二维地震工作并提交了地震专项报告

2009 年 7—11 月，完成了 ZK1001 孔钻探验证及测井工作。预查阶段共完成二维地震物理点 1301 个，钻探 1 孔（工作量 1407.10 m），地球物理测井 1 孔（工作量 1403.30 m）。

2010 年 1 月 20 日，河南省有色金属地质矿产局组织专家对预查阶段野外资料进行了全面检查、验收，综合评定为优秀级，建议该项目续作。

6. 河南省睢县韩庄煤预查

2009 年 7 月，河南省国土资源厅以《河南省国土资源厅关于下达 2008 年度省地质勘查基金（周转金）招标项目任务书的通知》（豫国土资发〔2009〕93 号）下达了预查阶段的工作任务，下达的主要工作量为：钻孔 1 个（工作量 1150 m），完成二维地震物理点 2100 个。下达资金 232.85 万元。

2009 年 8 月，河南省煤炭地质勘察研究总院组织人员进行了设计编制工作，并报河南省煤田地质局初审，后上报河南省国土资源厅审查。2009 年 9—12 月，完成了预查的二维地震工作并提交了地震专项报告。2010 年 3—7 月，完成了 5001 孔钻探验证及测井工作。预查阶段共完成二维地震物理点 2073 个，钻探 1 孔（工作量 1509.69 m），地球物理测井 1 孔（工作量 1505.05 m）。

2010 年 10 月 18 日，河南省煤田地质局组织专家对预查阶段野外资料进行了全面检查、验收，综合评定为良好级，建议该项目续作。

7. 河南省睢县匡城煤预查

2009 年 7 月，河南省国土资源厅以《河南省国土资源厅关于下达 2008 年度省地质勘查基金（周转金）招标项目任务书的通知》（豫国土资发〔2009〕93 号）下达了预查阶段的工作任务，下达的主要工作量为：钻孔 1 个（工作量 1500 m），完成二维地震物理点 2250 个。下达资金 238 万元。

2009 年 8 月，河南省有色金属地质矿产局第一地质大队组织人员进行了设计编制工作，并报河南省有色金属地质矿产局初审，后上报河南省国土资源厅审查。

2010 年 1—3 月，完成了预查的二维地震工作并提交了地震专项报告。2010 年 7—10 月，完成了 ZK1201 孔钻探验证及测井工作。预查阶段共完成二维地震物理点 2241 个，钻探 1 孔（工作量 1269.28 m），地球物理测井 1 孔（工作量 1265.65 m）。

2011 年 3 月 11 日，河南省有色金属地质矿产局组织专家对预查阶段野外资料进行了全面检查、验收，综合评定为良好级，建议该项目续作。

8. 河南省睢县潮庄集—张桥煤预查

2009 年 7 月，河南省国土资源厅以《河南省国土资源厅关于下达 2008 年度省地质勘查基金（周转金）招标项目任务书的通知》（豫国土资发〔2009〕93 号）下达了预查阶段的工作任务，下达的主要工作量为：钻孔 1 个（工作量 1220 m），完成二维地震物理点 1600 个。下达资金 196 万元。

2009 年 7 月，河南省煤田地质局资源环境调查中心组织人员进行了设计编制工作，并报河南省煤田地质局初审，后上报河南省国土资源厅审查。

2009 年 9—12 月，完成了预查的二维地震工作并提交了地震专项报告。

2010 年 1—4 月，完成了 ZK1 孔钻探验证及测井工作。预查阶段共完成二维地震物理点 1571 个，钻探 1 孔（工作量 1426.68 m），地球物理测井 1 孔（工作量 1416.10 m）。

2010 年 5 月 11 日，河南省煤田地质局组织专家对预查阶段野外资料进行了全面检查、验收，综合评定为优秀级，建议该项目续作。

9. 河南省睢县长岗煤预查

河南省国土资源厅以《河南省国土资源厅关于下达 2007 年度探矿权　采矿权使用费及价款地质勘查招标项目任务书的通知》（豫国土资发〔2008〕139 号）下达了预查阶段的工作任务，下达的主要工作量为：钻孔 1 个（工作量 1000 m），完成二维地震物理点 1200 个。下达资金 139 万元。

2008 年 11 月，河南省有色金属地质矿产局地球物理勘查队组织人员进行了设计编制工作，并报河南省有色金属地质矿产局初审，后上报河南省国土资源厅审查。

2008 年 12 月至 2009 年 2 月，完成了预查的二维地震工作并提交了地震专项报告。

2009 年 5—7 月，完成了 ZK201 孔钻探验证及测井工作。预查阶段共完成二维地震物理点 1037 个，钻探 1 孔（工作量 1374.06 m），地球物理测井 1 孔（工作量 1362.75 m）。

2009 年 9 月 22 日，河南省有色金属地质矿产局组织专家对预查阶段野外资料进行了全面检查、验收，综合评定为优秀级，建议该项目续作。

10. 河南省睢县王屯煤预查

2009 年 7 月，河南省国土资源厅以《河南省国土资源厅关于下达 2008 年度省地质勘查基金（周转金）招标项目任务书的通知》（豫国土资发〔2009〕93 号）下达了预查阶段的工作任务，下达的主要工作量为：钻孔 1 个（工作量 1280 m），完成二维地震物理点 2000 个。下达资金 210 万元。

2009 年 7 月，河南省有色金属地质矿产局第十一地质队组织人员进行了设计编制工作，并报河南省有色金属地质矿产局初审，后上报河南省国土资源厅审查。

2010 年 1—3 月，完成了预查的二维地震工作并提交了地震专项报告。

2010 年 5—9 月，完成了 ZK0201 孔钻探验证及测井工作。预查阶段共完成二维地震物理点 2001 个，钻探 1 孔（工作量 1667.15 m），地球物理测井 1 孔（工作量 1665.00 m）。

2010 年 11 月 22 日，河南省有色金属地质矿产局组织专家对预查阶段野外资料进行了全面检查、验收，综合评定为优秀级，建议该项目续作。

11. 河南省柘城县慈圣镇西煤预查

2007 年 1 月，河南省国土资源厅以《关于下达 2006 年度省级探矿权 采矿权使用费及价款地质勘查招标项目计划的通知》（豫国土资发〔2007〕6 号）下达了预查阶段的工作任务，下达的主要工作量为：钻孔 1 个（工作量 1500 m），完成二维地震物理点 3056 个。下达资金 349 万元。

2007 年 2 月，河南省煤炭地质勘察研究总院组织人员进行了设计编制工作，并报河南省煤田地质局初审，后上报河南省国土资源厅审查。

2007 年 3—5 月，完成了预查的二维地震工作并提交了地震专项报告；2007 年 6—9 月，完成了 70-1 孔钻探验证及测井工作。预查阶段共完成二维地震物理点 1714 个，钻探 1 孔（工作量 1319.65 m），地球物理测井 1 孔（工作量 1306.80 m）。

2008 年 10 月 23 日，河南省煤田地质局组织专家对预查阶段野外资料进行了全面检查、验收，综合评定为优秀级，建议该项目续作。

2.1.2 整装勘查普查阶段

1. 勘查总体设计

2010 年 8 月 20 日，《河南省国土资源厅关于下达 2009 年度省级地质勘查基金（周转金）续作项目任务书的通知》（豫国土资发〔2010〕79 号），批准河南省睢县西部煤普查区内的 9 个子项目不再单独编写设计，由河南省煤炭地质勘察研究总院负责编制整装勘查总体设计书，工程统一部署，工作量统一使用，二维地震及钻探施工统一安排。其 9 个子项目为：河南省睢县—榆厢北煤普查、河南省杞县唐屯煤普查、河南省睢县城隍煤普查、河南省睢县匡城煤普查、河南省睢县长岗煤普查、河南省睢县榆厢南区煤普查、河南省杞县裴村店—睢县小马房煤普查、河南省睢县韩庄煤普查、河南省睢县潮庄集—张桥煤普查。下达勘查资金 6117.47 万元，主要工作量为：完成二维地震物理点 49986 个，钻探 21 孔（工作量 28195 m），地球物理测井 21 孔（工作量 27914 m）。

2010 年 11 月 25 日，河南省国土资源厅组织的河南省睢县西部煤普查第二次设计评审会议决定，将河南省太康县独塘集南煤预查、河南省太康县东煤预查和河南省太康县符草楼煤预查 3 个预查项目纳入河南省睢县西部煤整装勘查普查项目，下达勘查资金 1040.16 万元，主要工作量为：完成二维地震物理点 8600 个，钻探 3 孔（工作量 3810 m），地球物理测井 3 孔（工作量 3760 m）。

上述 12 个子项目累计下达主要工作量：完成二维地震物理点 58586 个（20 m 炮距、96 道接收、24 次叠加），钻探 24 孔（工作量 32005 m），地球物理测井 24 孔（工作量 31674 m），总计下达勘查资金 7157.63 万元。

河南省煤炭地质勘察研究总院按照批文要求，于 2010 年 11 月编制了《河南省睢县西部煤普查总体设计》。2010 年 11 月 18 日、25 日、29 日，河南省国土资源厅组织有关人员及专家对《河南省睢县西部煤普查总体设计》进行了评审，并于 2010 年 12 月 13 日以豫国土资函〔2010〕750 号批准，批准主要工作量为：完成二维地震物理点 44700 个（40 m 炮距、144 道接收、36 次叠加、井深 16 m），钻探 72 孔（工作量 100340 m），地球物理测井 72 孔（工作量 99980 m）。

2. 各子项目工作情况

2010 年 12 月 19 日至 2011 年 4 月 19 日进行了二维地震施工工作，完成二维地震物理点 44046 个，2011 年 9 月提交了《河南省睢县西部煤普查二维地震勘探报告》。2011 年 9 月进行了设计变更，经河南省国土资源厅备案。2011 年 7 月先期施工 5 孔，2011 年 10 月至 2012 年 5 月进行第一批 21 个钻孔的地质钻探工作，完成钻探工作量 29187.70 m（20 孔），地球物理测井 29149.60 m（20 孔）。

2012 年 3 月 21 日至 2012 年 4 月 14 日对该区进行了二维地震补充施工工作，完成测线 14 条，测线长 352.94 km，完成二维地震物理点 8615 个。2012 年 5—9 月，3 个预查区 3 个钻孔同时进行施工，完成钻探工作量 4159.60 m（3 孔），地球物理测井 4156.75 m（3 孔）。2012 年 10 月，编制了《河南省睢县西部煤普查二维地震勘探报告》。

3. 二维地震工作

河南省睢县西部煤普查二维地震勘探分两期进行施工：一期分为 4 个工区，由河南省地质矿产勘查开发局地球物理勘查队、河南省煤田地质局物探测量队、河南省有色金属地质矿产局第五地质队和河南省煤炭地质勘察研究总院同时开展施工工作；二期补充施工分别由河南省地质矿产勘查开发局地球物理勘查队、河南省煤田地质局物探测量队和河南省煤炭地质勘察研究总院进行。各施工单位要求统一采集参数，由河南省煤田地质局物探测量队统一进行资料处理，确保数据采集、解释的一致性。

全区共完成地震测线 68 条，完成二维地震物理点 52661 个，完成试验点及低速带调查物理点 431 个，全部合格。其中完成二维地震物理点 52230 个（炮距为 40 m，井深为 16 m，144 道接收），甲级二维地震物理点 41501 个，占 79.46%；乙级二维地震物理点 10620 个，占 20.33%；废二维地震物理点 109 个，占 0.21%。二维地震物理点合格率 99.79%。完成水平叠加地震时间剖面 83 条，剖面总长 2078.10 m，其中 Ⅰ 类剖面 1366.71 km，占 65.77%；Ⅱ 类剖面 641.25 km，占 30.86%；Ⅲ 类剖面 70.14 km，占 3.37%，Ⅰ+Ⅱ 类剖面占 96.63%。

4. 管理办法

2010 年 11 月，为保证项目各项勘查工作有序实施，切实提高勘查工程质量，圆满完成项目设计地质任务，河南省煤炭地质勘察研究总院制定了《河南省睢县西部煤普查项目勘查工程施工及地质技术管理办法》。项目勘查工作在河南省国土资源厅项目主管部门规定程序及统一部署下组织实施。严格执行河南省国土资源厅两权价款项目管理程序，接受厅、局对项目的监督管理。

管理办法明确了项目管理程序及河南省煤炭地质勘察研究总院、项目承担单位、项目施工单位的职责，成立了项目领导小组、综合项目组和现场项目部，由具有丰富相关经验的地质、物探、煤质等专业技术人员组成，对勘查工程质量进行全面监督管理，处理、指导技术工作。为保证项目质量，制定了测量工作、地震勘查、钻孔施工、采样化验、测井工作等各分项技术管理办法，并确定了如下质量保证措施：

（1）严格执行相关技术规范、规程、标准，严格按照总体设计、专业设计施工，严格按统一的技术标准和要求进行单项工程验收工作，严把工程质量关。

（2）项目主编全面负责项目具体技术工作，重大技术问题报项目领导小组讨论解决。

（3）勘查设计的优化、勘查工程的重大调整必须履行变更审批程序。

（4）单项工程的开工、验收由承担单位组织，项目主编（或其委托人）组织相关专业技术人员参加，并履行签字手续。

（5）二维地震试验工作统一组织进行，分析对比后确定施工参数，野外施工完成后统一进行资料处理。

（6）项目承担单位、项目组要定期深入施工现场监督检查工程设计执行情况，进行工程质量分段验收，发现问题及时解决。

（7）按照规定程序对各项工程质量进行"四级"质量检查，自检率、互检率达 100%。

（8）认真做好地质"三边"工作，及时分析所取得的地质成果，加强地质研究，及时调整设计，保证各项勘查工程取得最佳地质效果。

（9）数字测井工作应由具备物探资质及先进煤炭项目测井设备的单位进行，以确保钻孔综合质量。

（10）采样工作应由煤质专业人员（指定地质专业人员）进行，样品采集应严格执行采样规程，送验单位必须符合《地质勘查单位从事地质勘查活动业务范围规定》（国土资发〔2010〕86号）的资质要求。煤芯取出后，应由项目主编或指定的专业技术人员现场确认后方可进行煤芯样采取，并现场确定煤层长度、重量采取率。

2.1.3 整装勘查普查（续作）阶段

河南省睢县西部煤普查实际为2009年度河南省睢县西部煤普查整装勘查项目的阶段工作安排。整装勘查总体设计由河南省国土资源厅于2010年12月13日以豫国土资函〔2010〕750号文批准。《河南省国土资源厅关于下达2011年度地质勘查基金（周转金）续作及省外国外项目任务书的通知》（豫国土资发〔2012〕80号）确定，项目承担单位为河南省煤炭地质勘察研究总院，下达的主要工作量为：钻探工作量68335 m，地球物理测井工作量68306 m。勘查资金为7526.41万元。

2012年7月11日，河南省国土资源厅组织有关人员及专家对《河南省睢县西部煤普查（续作）设计》进行评审，并以豫国土资办函〔2012〕83号文批准，批准钻探工作量68335 m（42孔，其中预留工作量2782 m），地球物理测井工作量68306 m（42孔）。

2012年5月17日开始对普查（续作）钻孔进行施工，2013年8月6日完成全部野外施工工作，共完成钻探工作量68339.44 m（45孔），地球物理测井工作量68178.82 m（45孔）。施工单位为河南省煤田地质局一队、河南省煤田地质局二队、河南省煤田地质局三队、河南省煤田地质局四队、河南省地质矿产勘查开发局第十一地质队、河南省地质矿产勘查开发局第四地质矿产调查院。

2013年8月28—29日，河南省国土资源厅组织专家及有关人员在柘城县召开了河南省睢县西部煤整装勘查项目野外验收会，会议由河南省国土资源厅总工程师张兴辽主持，各子项目承担单位主管领导参加，分别对2009年度及之前部署的12个子项目和河南省睢县西部煤普查（续作）项目进行了野外工作检查验收，野外验收评定等级中优秀级9个、良好级4个。同时，将河南省柘城县慈圣镇西煤普查项目也纳入河南省睢县西部煤普查整装勘查区，统一编制河南省睢县西部煤普查报告，详见表2-2。

2013年11月6日，河南省国土资源厅办公室下达《关于睢县西部煤普查项目成果报告编制的意见》（豫国土资办函〔2013〕118号），河南省睢县西部煤普查总体项目由河南省煤炭地质勘察研究总院统一编制成果报告。

2013年10月，河南省煤炭地质勘察研究总院提交了《河南省睢县西部煤普查报告》。2013年12月4日，河南省国土资源厅项目办及河南省矿产资源储量评审中心联合组织专家评审通过了普查报告。2014年4月23日，河南省国土资源厅以《河南省国土资源厅办公室关于商丘地区胡襄煤普查等地质勘查基金项目成果报告通过验收的函》（豫国土资发〔2014〕53 号）同意报告通过验收。2014 年 5 月 9 日，河南省国土资源厅以豫国土资储备字〔2014〕33 号文下达了备案证明。2014 年 9 月，普查报告汇交至河南省地质博物馆，2014 年 11 月 5 日，河南省地质博物馆以豫地资凭〔2014〕0373 号文出具了该项目地质资料汇交凭证。

表2-2 河南省睢县西部煤普查及续作阶段各子项目工作情况一览表

序号	项 目 名 称	承 担 单 位	项目负责人	野外验收时间（年-月-日）	野外验收专家	野外验收评定等级
1	河南省睢县—榆厢北煤普查	河南省地质矿产勘查开发局第四地质矿产调查院	许亚坤	2013-08-29	杨根生、牛昆山、祝乃仓、胡天玉、张宗恒、张良	优秀
2	河南省睢县城隍煤普查	河南省地质矿产勘查开发局第四地质矿产调查院	许亚坤	2013-08-29		优秀
3	河南省杞县唐屯煤普查	河南省地质矿产勘查开发局第三地质矿产调查院	史亮	2013-08-29		优秀
4	河南省睢县匡城煤普查	河南省地质矿产勘查开发局第五地质勘查院	曾文青	2013-08-29		优秀
5	河南省睢县长岗煤普查	河南省航空物探遥感中心	安西峰	2013-08-29		优秀
6	河南省睢县榆厢南区煤普查	河南省有色金属地质矿产局第三地质大队	张旭	2013-08-29		良好
7	河南省杞县裴村店—睢县小马房煤普查	河南省煤田地质局四队	刘永峰	2013-08-29		优秀
8	河南省睢县韩庄煤普查	河南省煤炭地质勘察研究总院	尹世才	2013-08-29		优秀
9	河南睢县潮庄集—张桥煤普查	河南省煤田地质局资源环境调查中心	王书宏	2013-08-29		优秀
10	河南省太康县符草楼煤预查	河南省地质矿产勘查开发局第五地质勘查院	曾文青	2013-08-29		良好
11	河南省太康县独塘集南煤预查	河南省有色金属地质矿产局第一地质大队	李军旗、索勇	2013-08-29		良好
12	河南省太康县东煤预查	河南省地质矿产勘查开发局测绘地理信息院	朱德胜	2013-08-29		良好
13	河南省睢县西部煤普查（续作）	河南省煤炭地质勘察研究总院	尹世才	2013-08-29		优秀
14	河南省柘城县慈圣镇西煤普查	河南省煤炭地质勘察研究总院	尹世才	2012-09-20	牛昆山、李静、胡天玉	优秀

2.2　河南省商丘地区胡襄煤普查勘查工作

河南省商丘地区胡襄煤普查是以河南省柘城县胡襄煤普查项目为依托，整合了9个子区和探矿权实施的整装勘查项目，历经了预查、预查（续作）、普查、整装勘查（普查）4个阶段，详见表2-3。

表2-3　河南省商丘地区胡襄煤普查各子项目工作情况一览表

序号	项目名称	承担单位	项目负责人	野外验收时间（年-月-日）	野外验收专家	野外验收评定等级
1	河南省柘城县慈圣镇东煤预查	河南省有色金属地质矿产局第三地质大队	王昊	2008-07-04	张瑜麟、王亚东、李东亚、司百堂、程广国	良好
2	河南省柘城县慈圣镇东煤普查		王昊、许淑伟	2011-02-22	支凤岐、韩长寿、刘强、贺笑余、张彦民	良好
3	河南省柘城县城西煤预查	河南省国土资源科学研究院	宋峰			优秀
4	河南省柘城县胡襄煤预查	河南省地质矿产勘查开发局第十一地质队	李文前	2006-03-06	孟新华、刘俊成、牛志刚、刀良勋	优秀
5	河南省柘城县胡襄煤预查（续作）		李文前	2007-11-06	李兴国、焦守敬、杨根生、王勇	优秀
6	河南省柘城县胡襄煤普查		王山东	2010-07-28	李兴国、焦守敬、左玉明、杨根生、王勇	优秀
7	河南省睢阳区李口集东煤预查	河南省地质矿产勘查开发局第一水文地质工程地质队	马庆国	2008-05-13	焦守敬、杨根生、左玉明、张魏、王勇	良好
8	河南省睢阳区李口集东煤普查		程建强	2010-06-22	焦守敬、杨根生、刘俊成、王勇	良好
9	河南省睢阳区谷熟镇南煤预查	河南省地质矿产勘查开发局第十一地质队	刘彦兵	2008-05-28	焦守敬、雷淮、杨根生、左玉明、鲁守军	良好
10	河南省睢阳区谷熟镇南煤普查		刘彦兵	2011-03-14	焦守敬、郭友琴、杨根生、刘改欣	良好
11	河南省商丘市沙集煤预查	河南省煤田地质局物探测量队	宋春山	2010-08-15	石彪、李兆慧、刁良勋	良好
12	河南省商丘市宋集煤预查	河南省煤田地质局一队	闫海英	2011-03-25	石彪、牛昆山、刁良勋、徐连利、刘改欣	优秀
13	河南省商丘市睢阳区杜集西煤预查	河南省煤炭地质勘察研究院	杜小冲	2008-07-03	耿建国、石彪、李兆慧、马革非、王勇	优秀

表 2-3（续）

序号	项目名称	承担单位	项目负责人	野外验收时间（年-月-日）	野外验收专家	野外验收评定等级
14	河南省商丘市睢阳区杜集西煤普查	河南省煤炭地质勘察研究院	杜小冲	2010-10-18	石彪、牛昆山、李兆慧、刁良勋、马革非、王勇	良好

2.2.1 预查阶段

2004 年 12 月，河南省财政厅以豫财建〔2004〕219 号文、238 号文下达了预查工作任务，下达的主要工作量为：钻孔 1 个（工作量 1120 m），二维地震测线长度 8 km，完成二维地震物理点 1600 个。下达资金 220 万元。

2005 年 1 月，组织人员进行了设计编制工作，并报河南省有色金属地质矿产局初审，后上报河南省国土资源厅审查。2005 年 3 月，根据河南省国土资源厅专家评审意见进行了修改完善，2005 年 8 月进一步优化后报河南省国土资源厅及河南省财政厅备案。2005 年 5—7 月完成了预查的二维地震工作并提交了地震专项报告，2005 年 4 月至 2005 年 11 月完成了该区的水文地质测绘工作，2005 年 8 月至 2006 年 1 月完成了 6001 孔钻探验证及测井工作。预查阶段共完成二维地震物理点 1626 个，钻探 1 孔（工作量 1075.42 m），地球物理测井 1 孔（工作量 1070.90 m）。

2006 年 3 月 6 日，河南省有色金属地质矿产局组织专家对预查阶段野外资料进行了全面检查、验收，综合评定为良好级，建议该项目续作。

2.2.2 预查（续作）阶段

2006 年 11 月，河南省国土资源厅以《关于下达 2004 年度省级探矿权 采矿权使用费及价款地质勘查项目 2006 年度续作计划的通知》（豫国土资函〔2006〕617 号）下达了预查（续作）阶段的工作任务，下达的主要工作量是：完成二维地震物理点 5800 个，钻孔 2 个（工作量 2400 m），地球物理测井 2 孔（工作量 2380 m）。项目资金为 480 万元。2006 年 12 月，预查（续作）设计通过河南省国土资源厅组织的评审。2007 年 3 月完成二维地震野外数据采集工作（图 2-3），2007 年 11 月二维地震报告由河南省国土资源厅组织专家审查通过；2007 年 6—9 月完成钻探施工及地球物理测井工作。预查（续作）阶段共完成二维地震物理点 5863 个，钻探 2 孔（工作量 2539.98 m），地球物理测井 2 孔（工作量 2534.70 m）。

2007 年 11 月 6 日，预查（续作）工作通过河南省有色金属地质矿产局组织的野外检查验收，综合评定为优秀级。

图 2-3　二维地震野外数据采集现场

2.2.3　普查阶段

2008 年 6 月 24 日，河南省国土资源厅以《关于下达 2007 年度省地质勘查基金（周转金）项目计划的通知》（豫国土资发〔2008〕87 号）下达了普查阶段工作任务，下达的主要工作量为：完成二维地震物理点 8621 个，钻探 29 孔（工作量 32300 m），地球物理测井 29 孔（工作量 32000 m）。下达资金 3147 万元。

2008 年 7 月 16 日，普查设计通过河南省国土资源厅评审。2008 年 8 月，河南省国土资源厅以《河南省国土资源厅关于 2007 年度省地质勘查基金（周转金）项目第一批设计审查意见的函》（豫国土资函〔2008〕587 号）批准按照设计实施。2008 年 8—9 月完成二维地震野外数据采集工作，经过数据处理及解释后，于 2008 年 11 月评审通过二维地震最终成果报告。2008 年 9 月至 2010 年 1 月，完成普查阶段的钻探及地球物理测井工作。

2009 年 8 月，施工过程中根据二维地震成果和前期钻探工程控制，对剩余钻探工作量进行了调整，经上级批准，钻孔调整为 27 个，工作量 31966.05 m。普查阶段共完成二维地震物理点 8791 个，钻探 27 孔（工作量 32097.39 m），地球物理测井 26 孔（工作量 31071.15 m）。

2010 年 7 月 28 日，河南省有色金属地质矿产局组织专家对普查阶段进行了野外工作检查验收，质量评定为优秀。

2.2.4　整装勘查（普查）阶段

项目名称变为河南省商丘地区胡襄煤普查，其 9 个子项目情况如下：

1. 河南省柘城县慈圣镇东煤普查

河南省柘城县慈圣镇东煤普查于 2006 年度被批准后开展预查工作，项目编号 06ZB-13，河南省国土资源厅以豫国土资发〔2007〕6 号文下达了预查任务，资金 308 万元。2007 年 4 月至 2008 年 6 月完成了预查阶段的野外工作。2008 年 7 月，野外工作通过了河南省有色金属地质矿产局组织的检查验收。2008 年度续作普查，河南省国土资源厅以豫国土资发〔2009〕1 号文下达了普查工作任务，资金 628 万元。2009 年 3 月普查设计评审通过，2009 年 6 月至 2011 年 1 月完成了普查阶段的各项野外工作。2011 年 2 月，普查阶段野外工作通过了河南省有色金属地质矿产局专家组的综合验收。

预查、普查共完成二维地震测线 11 条（剖面长度 81.11 km），完成二维地震物理点 4309 个，钻探 6 孔（工作量 7871.23 m），地球物理测井 6 孔（工作量 7853.80 m）。2011 年 3 月提交了《河南省柘城县慈圣镇东煤普查报告》。

2. 河南省柘城县城西煤预查

河南省柘城县城西煤预查为 2006 年度河南省两权价款地质勘查项目，河南省国土资源厅以豫国土资发〔2007〕6 号文下达了预查任务，2007 年实施勘查工作并通过河南省国土资源厅组织的野外检查验收，综合评定为优秀。2008 年度批准扩区续作，勘查阶段仍为预查，河南省国土资源厅以豫国土资发〔2009〕1 号文下达了续作任务，2009 年实施勘查工作并通过河南省国土资源厅组织的野外检查验收，综合评定为优秀。

该区累计下达资金 1082.91 万元，完成二维地震测线 20 条（剖面长度 151.18 km），完成二维地震物理点 7697 个，钻探 4 孔（工作量 5177.18 m），地球物理测井 4 孔（工作量 5132.65 m）。2010 年 6 月提交了《河南省柘城县城西煤预查报告》。

3. 河南省柘城县胡襄煤普查

河南省柘城县胡襄煤普查于 2004 年度立项被批准为预查，2006 年度预查续作，2007 年度普查续作。

河南省财政厅以豫财建〔2004〕219 号、238 号文下达预查任务，资金 220 万元。2006 年 3 月 6 日，预查工作通过了河南省有色金属地质矿产局组织的野外检查验收，综合评定为优秀。

河南省国土资源厅以豫国土资函〔2006〕617 号文下达了预查（续作）任务，资金 480 万元。2007 年 11 月 6 日，预查续作工作通过河南省有色金属地质矿产局组织的野外检查验收，综合评定优秀。

河南省国土资源厅以豫国土资发〔2008〕87 号文下达普查任务，资金 3147 万元。2008 年 7 月，普查设计通过了河南省国土资源厅的评审。2008 年 8 月至 2010 年 1 月完成了普查阶段的各项野外工作。

2010 年 7 月 28 日，普查工作通过了河南省有色金属地质矿产局组织的野外检查验收，质量评定为优秀。

2005—2010 年，累计完成二维地震测线 25 条（剖面长度 334.46 km），完成二维地震物理点 16280 个，钻探 30 孔（工作量 35712.79 m），地球物理测井 29 孔（工作量 34676.75 m）。

4. 河南省柘城县胡襄南煤普查

河南省柘城县胡襄南煤普查为新立的探矿权，整装勘查前未开展工作。

5. 河南省睢阳区李口集东煤普查

河南省睢阳区李口集东煤普查于 2006 年度被批准后开展预查工作，项目编号 M16，河南省国土资源厅以豫国土资发〔2007〕6 号文下达了预查任务，资金 243 万元。2008 年 5 月 13 日，预查阶段野外工作通过了河南省有色金属地质矿产局组织的验收，质量评定为良好。

2008 年度普查续作，河南省国土资源厅以豫国土资发〔2009〕1 号文下达了普查任务，资金 383.98 万元。2009 年 3 月，河南省有色金属地质矿产局审查批准了普查设计。2009 年 6 月至 2010 年 3 月，完成了普查阶段的各项野外工作。2010 年 6 月 22 日，通过了河南省有色金属地质矿产局组织的野外检查验收，质量评定为良好。

预查、普查阶段累计完成二维地震测线 8 条（剖面长度 54.53 km），完成二维地震物理点 2563 个，钻探 5 孔（工作量 5361.94 m），地球物理测井 5 孔（工作量 5346.65 m）。2012 年 9 月 11 日，《河南省睢阳区李口集东煤普查报告》通过了河南省国土资源厅组织的评审，河南省国土资源厅以豫国土资办函〔2013〕35 号文下达了成果报告审查验收意见。

6. 河南省睢阳区谷熟镇南煤普查

河南省睢阳区谷熟镇南煤普查于 2006 年度被批准为预查，项目编号 06ZB-16，河南省国土资源厅以豫国土资发〔2007〕6 号文下达了预查任务，资金 246 万元。2007 年 6—12 月，完成预查阶段的各项野外工作。2008 年 5 月 28 日，通过了河南省有色金属地质矿产局组织的野外验收，质量评定为良好。2008 年扩区续作，勘查阶段为普查，河南省国土资源厅以豫国土资发〔2009〕1 号文下达了普查任务，资金 920 万元。2009 年 3 月，普查设计经河南省有色金属地质矿产局审查通过。2009 年 2 月至 2011 年 2 月，完成普查阶段的各项野外工作。2011 年 3 月 14 日，通过了河南省有色金属地质矿产局组织的野外验收，质量评定为良好。预查、普查阶段共完成二维地震测线 12 条（剖面长度 83.8 km），完成二维地震物理点 3926 个，钻探 5 孔（工作量 10462.70 m），地球物理测井 8 孔（工作量 10414 m）。

2012 年 2 月，《河南省睢阳区谷熟镇南煤普查报告》通过了河南省国土资源厅组织的评审，河南省国土资源厅以豫国土资办函〔2012〕72 号文下达了成果报告审查验收意见。

7. 河南省商丘市沙集煤预查

河南省商丘市沙集煤预查为 2008 年度河南省地质勘查基金（周转金）项目，河南省国土资源厅以豫国土资发〔2009〕93 号文下达了任务，资金 212 万元。2009 年 7 月，河南省煤田地质局组织专家审查批准了预查设计。2009 年 9 月至 2010 年 5 月，完成二维地震测线 6 条（剖面长度 42.03 km），完成二维地震物理点 1988 个，钻探 1 孔（工作量 985.01 m），地球物理测井 1 孔（工作量 984 m）。

2010 年 8 月，河南省煤田地质局组织专家对野外工作进行了验收，质量评定为良好。2010 年 11 月提交了《河南省商丘市沙集煤预查报告》。

8. 河南省商丘市宋集煤预查

河南省商丘市宋集煤预查为 2007 年度河南省地质勘查基金（周转金）项目，河南省国土资源厅以豫国土资发〔2008〕87 号文下达了任务，项目经费 79 万元。2008 年 9 月完成二维地震测线 5 条（剖面长度 34.62 km），完成二维地震物理点 1573 个。根据二维地震成果，河南省国土资源厅批准了该项目的预查续作任务。

河南省国土资源厅以豫国土资发〔2010〕79 号下达续作任务，项目经费 131.39 万元。2010 年 9 月 19 日，河南省国土资源厅项目办组织专家评审通过了预查设计。2010 年 11 月至 2011 年 2 月钻孔结束，终孔深度 1404.24 m，终孔层位 P_2s，经河南省国土资源厅监审专家研究后同意终孔。

2011 年 3 月 25 日，河南省煤田地质局组织专家对野外工作进行了验收。2011 年 4 月提交了《河南省商丘市宋集煤预查工作总结》。

9. 河南省商丘市睢阳区杜集西煤普查

河南省商丘市睢阳区杜集西煤普查于 2006 年度被批准为预查，项目编号 M18，河南省国土资源厅以豫国土资发〔2007〕6 号文下达了预查任务，资金 229.90 万元。2007 年 7 月至 2008 年 6 月，完成了预查阶段各项野外工作。2008 年 7 月 3 日，通过了河南省煤田地质局组织的野外工作检查验收，综合评定为优秀。

2008 年度普查续作，河南省国土资源厅以豫国土资发〔2009〕1 号文下达了任务，项目经费 1224 万元。2009 年 3 月，河南省国土资源厅组织专家评审通过了普查设计。2009 年 4 月至 2010 年 8 月，完成了普查阶段的各项野外工作。2010 年 10 月 18 日，河南省煤田地质局组织有关专家对普查阶段野外工作进行了检查验收，质量评定为良好。预查、普查共完成二维地震测线 16 条（剖面长度 132.84 m），完成二维地震物理点 5458 个，钻探 11412.46 m（10 孔），地球物理测井 11403.77 m（10 孔）。2010 年 12 月提交了《河南省商丘市睢阳区杜集西煤普查报告》。

2010 年 11 月 22 日，河南省国土资源厅以《关于下达 2010 年度省地质勘查基金

（周转金）续作及省外国外项目任务的通知》（豫国土资发〔2010〕100 号）下达了整装勘查的工作任务，下达的主要工作量为：1∶50000 专项水文地质测量 725.50 km²，完成二维地震物理点 21550 个（炮距 20 m，井深 12 m，药量 3 kg，96 道接收），钻探工作量 23790 m，测井工作量 23650 m。下达资金 3786.70 万元。承担单位为河南省有色金属地质矿产局第四地质矿产调查院。

2011 年 1 月 25 日，河南省国土资源厅组织专家评审通过了《河南省商丘地区胡襄煤普查设计书》。2011 年 5 月 11 日，河南省国土资源厅以《河南省国土资源厅办公室关于河南省商丘地区胡襄煤普查等地质勘查基金（周转金）项目设计审查意见的函》（豫国土资函〔2011〕54 号）批准实施。2011 年 4—6 月完成二维地震野外数据采集工作，经验收后转入室内资料处理和报告编写阶段。2011 年 8 月 30 日，二维地震勘探报告经河南省国土资源厅组织专家审查通过，质量评定为优秀。2011 年 7—11 月完成水文地质调查野外工作。2011 年 7 月至 2012 年 11 月完成整装勘查的钻探及测井工作。该阶段共完成二维地震物理点 13024 个（炮距 40 m，井深 16 m，药量 4 kg，144 道接收），按照 2007 年财政部、国土资源部 53 号文有关规定，折合成标准二维地震物理点 20839 个（炮距 20 m，井深 12 m，药量 3 kg，96 道接收），钻探 19 孔（工作量 25446.08 m），地球物理测井 19 孔（工作量 25361.83 m）。

2013 年 8 月 28—29 日，河南省国土资源厅项目办组织专家对该项目野外工作进行了检查验收，质量评定为优秀。

2013 年 10 月 30 日，河南省有色金属地质矿产局第四地质矿产调查院提交了《河南省商丘地区胡襄煤普查报告》。2013 年 12 月 4 日，河南省国土资源厅项目办及河南省矿产资源储量评审中心联合组织专家评审通过了普查报告。2014 年 4 月 23 日，河南省国土资源厅以《河南省国土资源厅办公室关于商丘地区胡襄煤普查等地质勘查基金项目成果报告通过验收的函》（豫国土资发〔2014〕53 号）同意报告通过验收。2014 年 6 月 9 日，河南省国土资源厅以豫国土资储备字〔2014〕41 号文下达了备案证明。2014 年 9 月，普查报告汇交至河南省地质博物馆。2014 年 11 月 4 日，河南省地质博物馆以豫地资凭〔2014〕0368 号文出具了该项目地质资料汇交凭证。

2.3　河南省通许隆起、开封凹陷区二维地震概查工作

河南省通许隆起区二维地震勘查、河南省开封凹陷区二维地震勘查项目为河南省 2010 年度地质勘查基金项目，由《河南省国土资源厅关于下达 2010 年度地质勘查基金招标项目任务书的通知》（豫国土资发〔2011〕82 号）文件下达。其中，河南省通许隆起区二维地震勘查项目下达的工作量为：完成二维地震勘查物理点 20000 个，勘查经

费 2398 万元，工作周期一年，承担单位为河南省国土资源科学研究院。河南省开封凹陷区二维地震勘查项目下达的工作量为：完成二维地震勘查物理点 3200 个，勘查经费 395 万元，工作周期一年，承担单位为河南省煤田地质局物探测量队。

根据 2011 年 6 月 8 日设计评审会专家意见，将河南省开封凹陷区二维地震勘查项目工作量并入河南省通许隆起、开封凹陷区二维地震勘查项目，并对勘查范围进行了调整，由河南省煤田地质局物探测量队承担野外施工及报告编制工作。

2011 年 8 月 12—14 日，河南省煤田地质局物探测量队对概查区进行了详细的试验，对试验资料进行了认真分析，确定了施工参数，依此参数施工了一条试验线，经处理，效果良好。2011 年 8 月 19 日，河南省地质勘查项目管理办公室组织专家在郑州对试验资料进行了审查、验收，同意开工。2011 年 8 月 24 日开始野外数据采集工作，2012 年 1 月 11 日完成全部野外数据采集工作，完成测线 16 条，完成二维地震物理点 23225 个（其中测线物理点 23133 个，试验物理点 92 个）。2012 年 2 月 20 日，河南省国土资源厅项目管理办公室组织专家对野外资料进行了验收，2012 年 2 月 30 日完成资料处理，2012 年 5 月 10 日提交了《河南省通许隆起、开封凹陷区地震概查二维地震勘查报告》，2014 年 3 月 20 日河南省地质勘查项目管理办公室组织有关专家对报告进行了评审、验收。

3 区 域 地 质

3.1 区域地层

通柘煤田地层属华北地层区华北平原分区开封小区，地表为新生界沉积物所覆盖，区域自下而上发育的地层有寒武系、奥陶系中下统、石炭系上统、二叠系、新近系和第四系，其中石炭系上统太原组和二叠系下统山西组、下石盒子组为本区含煤地层，可采煤层集中在山西组。区域地层简表见表3-1。

表3-1 区域地层简表

地 层 单 位			厚度($\frac{最小\sim最大}{平均}$)/m	岩 性 简 述
界	系	统	组		
新生界	第四系			>200	上部为松散的土黄色黏土夹薄层粉、细砂层，含少量细砾及钙质结核，下部为厚层黏土夹薄层砂质黏土及薄层细砂，底部为浅黄色~灰白色、褐红色的粉细砂层，与下伏新近系呈整合接触
	新近系			>600	上部以灰绿色黏土、砂质黏土为主夹浅黄、棕黄色细砂、粉砂、灰白色中细砂，常含钙质结核；下部主要以浅灰色碳酸盐岩（次生碳酸盐岩）为主，含砾石，与下伏地层呈不整合接触
古生界	二叠系	上统	石千峰组（P_2sh）	揭露最大厚度1033 m	灰绿色、灰黄色细砂岩及粉砂岩，紫红色砂质泥岩夹灰黄色薄层泥灰岩，底部为灰白色厚层状中粗粒石英砂岩（K_9标志层）
			上石盒子组（P_2s）	$\frac{257\sim494}{372}$	紫红色、灰绿色、灰黑色泥岩及砂质泥岩、中厚层石英砂岩，底部为浅灰色、灰绿色的中细粒砂岩（K_7标志层）
		下统	下石盒子组（P_1x）	$\frac{234\sim516}{416}$	上段为紫红、灰绿、杂色长石石英砂岩及粉砂岩夹泥岩及薄煤层，下段由深灰~灰黑色泥岩、砂质泥岩、浅灰色细砂岩夹薄煤层（其中三$_2$、三$_4$煤层为局部可采煤层），底部为鲕状铝质泥岩（K_4标志层）
			山西组（P_1s）	$\frac{68\sim137}{121}$	区域主要含煤地层之一，由灰、灰黑色泥岩及砂质泥岩砂岩夹煤层，统称二煤组，其中二$_2^1$煤层厚度较稳定，为主要可采煤层；二$_1^1$煤层局部可采。与下伏石炭系地层呈整合接触

表 3-1（续）

地层单位			厚度$\left(\dfrac{最小～最大}{平均}\right)/m$	岩性简述
界	系	统 组		
古生界	石炭系	上统 太原组 (C_2t)	$\dfrac{91～168}{133}$	浅灰色～深灰色灰岩、泥岩、砂岩不等厚互层，间夹薄煤层。顶部为生物碎屑灰岩（K_3 标志层），下部为含燧石结核的 L_2 灰岩（K_2 标志层）
		本溪组 (C_2b)	$\dfrac{5～29}{15}$	以鲕状铝质泥岩为主，含赤铁矿团块，统称 K_1 标志层。与下伏奥陶系呈平行不整合接触
	奥陶系		揭露最大厚度 490 m	中统下部主要由中厚层豹皮状灰岩、白云质灰岩组成，上部主要为中厚层白云岩夹泥质白云岩及灰岩，灰岩质纯而致密，裂隙发育其中并穿插有方解石脉。下统以中厚层豹皮状灰岩、白云质灰岩、硅质白云岩为主。与上覆石炭系上统本溪组平行不整合接触
	寒武系		1081	上统为中厚层状灰岩、白云质灰岩、竹叶状灰岩，中统为白云质灰岩、鲕状白云岩，下统为豹皮状灰岩、中厚层状灰岩夹紫红色页岩、粉砂岩、白云岩等

3.2 区域构造

通柘煤田位于华北板块南缘，在大地构造位置上属于华北坳陷之次级构造单元通许隆起。通许隆起是一个古近系以后下沉的潜伏隆起，东与永城断褶带相邻，北部为开封坳陷，南部为周口坳陷，形成近东西走向的"两坳夹一隆"的构造格局。南北坳陷保存了较完整的石炭系、二叠系含煤岩系，中部隆起因后期风化剥蚀，使部分含煤岩系缺失，加之后期断层的切割和差异升降，使煤系地层的赋存呈现东西成带、南北成块的格局，如图 3-1 和图 3-2 所示。

3.2.1 褶皱

通许隆起内褶皱发育较差，区域上主要褶皱构造为东部的杜集背斜。

据区域地质资料，杜集背斜轴位于杜集一带，北端被谷熟镇断层切割，南端延伸到省外，近南北向，省内延伸长度约 24 km，核部地层为寒武系、奥陶系及太古界岩体，两翼为石炭系、二叠系含煤岩系。轴面向东倾伏，两翼倾角不对称，东翼较宽缓（6°左右）且被颜集断层切割，西翼较陡（10°左右），地层较完整，局部有岩浆岩顺层侵入煤系地层中。

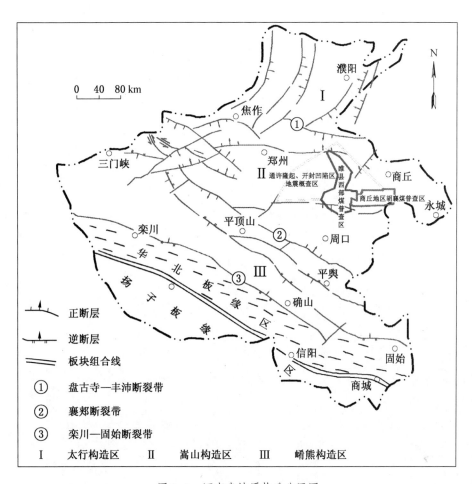

图 3-1 河南省地质构造分区图

3.2.2 断裂

区域上断裂构造较发育，断裂构造线形迹西部以近东西向和北西向为主，向东渐变为以北东向为主。通许隆起北部以焦作—商丘断裂与开封坳陷为界，东部以济阳断层为界，南部以包屯断层为通许隆起和周口坳陷的边界。

焦作—商丘断层为通许隆起北部主要断裂（图 3-2 中 F_2），区域延长大于 400 km，该断层走向 NW，倾向 NE，倾角 40°，落差一般在 1000~2000 m，最大可达 6000 m，为活动性正断层。综合各种资料分析，该断裂带至少在晋宁期已经存在，中生界、新生界活动强烈，为长期活动的复合型大型变形构造。

济阳断层为通许隆起东部主要断裂（图 3-2 中 F_{16}），为正断层，区域延长大于48.2 km，走向 NNE，倾向 NWW，倾角 70°，落差在 50~1400 m。

包屯断层为通许隆起东部主要断裂（图 3-2 中 F_9），为正断层，走向 NWW—NW，倾向

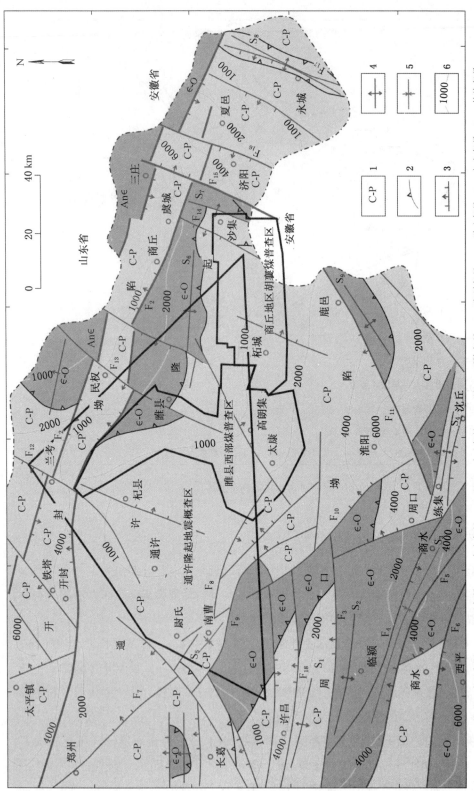

图3-2 豫东地区基岩地质构造和主要断裂分布图

F₂—焦作—商丘断层；F₃—固镇断层；F₄—商水断层；F₅—商丘—沈丘断层；F₆—漯河断层；F₇—郑州断层；F₈—尉氏断层；F₉—包屯断层；F₁₀—扶沟断层；F₁₁—周口—鹿邑断层；F₁₂—聊兰邑断层；F₁₃—睢县断层；F₁₄—沙集断层；F₁₅—颜集断层；F₁₇—濮集背斜；F₁₈—鄢陵—太康背斜；S₁—许昌背斜；S₂—固厢背斜；S₃—商水向斜；S₄—练集背斜；S₅—南曹向斜；S₆—宁陵背斜；S₇—杜集背斜；S₈—永城背斜；S₉—汲水背斜；1—基岩地层；2—煤系失灭线；3—正断层；4—背斜；5—向斜；6—基岩埋深等值线

NNE—NE，倾角 50°~60°，落差在 800~1400 m，区域延展长度大于 54 km。

3.3 岩浆岩

区域上岩浆岩不太发育，仅在北部的宁陵—商丘凸起，东部的虞城县杜集背斜附近见有岩浆岩侵入，岩性主要为酸性花岗岩、中性闪长岩、云煌岩等，以中生代燕山期岩浆活动最为强烈，对主要可采煤层的破坏和煤的变质作用影响较大，在煤层或煤层顶、底板附近侵入时，具有吞蚀煤层、使煤层变质为天然焦或天然焦和岩浆岩混杂等作用。

4 地 震 勘 查

4.1 地震勘探范围

通柘煤田勘查区包括河南省睢县西部煤普查区、河南省商丘地区胡襄煤普查区及河南省通许隆起、开封凹陷区二维地震概查及资源远景评价区。地震勘探工作期限从2004年10月到2012年10月。

4.2 技术要求及仪器的使用

该次地震勘探按《煤炭煤层气地震勘探规范》（MT/T 897—2000）、《煤、泥炭地质勘查规范》（DZ/T 0215—2002）、《地震勘探爆炸安全规程》（GB 12950—1991）、《全球定位系统（GPS）测量规范》（GB/T 18314—2009）、《煤炭资源勘查工程测量规程》（NB/T 51025—2014）等技术规范执行。

该次地震勘探使用法国Sercel公司生产的408UL、428XL遥测数字地震采集系统。

4.3 地震勘探任务

4.3.1 概查区任务

（1）初步了解覆盖层厚度及变化情况。

（2）初步了解工作地区构造轮廓。

（3）初步了解含煤地层的分布范围。

（4）提供参数孔和找煤孔孔位。

（5）评价概查区内资源情况。

4.3.2 普查区任务

（1）初步查明新生界地层厚度，当厚度大于200 m时测线上的解释误差不大于

9%。初步了解新生界地层厚度变化情况。

（2）初步查明区内的构造轮廓，了解构造复杂程度。初步查明落差大于100 m的断层，并了解其性质、特点及延伸情况，断层在平面上的位置误差不大于200 m。

（3）初步查明主要可采煤层二$_1$煤层的分布范围，在测线上二$_1$煤层的深度解释误差不大于9%。初步了解深部含煤地层的分布范围。

（4）初步控制二$_1$煤层的隐伏露头，其平面位置误差不大于200 m。

（5）初步了解岩浆岩的分布情况及对二$_1$煤层的影响范围。

4.4 地震地质条件

4.4.1 表层地震地质条件

该区位于华北平原，地势平坦，局部存在小型沙丘，地表标高+42~+82 m，相对高差40 m，交通便利，但区内村庄密集，公路河流交错，不利于地震施工，如图4-1所示。该区表层地震地质条件一般。

4.4.2 浅层地震地质条件

该区被第四系黄土覆盖，地势西北高，东南低。地表被第四系松散沉积物覆盖，岩性多为黏土或砂质黏土，有潜水位（一般不超过10 m），浅层地震地质条件较好。但是局部发育有礓石，不利于地震成孔；局部还发育有流砂层，对地震波高频成分有吸收作用。

(a) 村庄

(b) 河流

(c) 高速公路　　　　　　　　　　　　　　　　　(d) 公路

图 4-1　表层地震地质条件

4.4.3　深层地震地质条件

1. 新生界底界面

该区新生界较厚，普遍在几百米以上，主要由黏土、砂质黏土及砂土等组成，平均速度为 1500~1800 m/s，密度为 1.8~2.0 g/cm³。下伏基岩主要由砂岩、粉砂岩组成，平均速度为 3100~3500 m/s，密度为 2.4~2.6 g/cm³，二者之间的波阻抗差大约为 5500，波阻抗差明显，反射系数约为 0.43，为强反射界面，所以新生界底界面形成反射波（T_n 波）能量强，全区基本可连续对比追踪。

2. 煤层

该区主要煤层为二₁煤层。在煤系地层中，煤层是一个低速、低密度的夹层。煤层的围岩主要是砂岩、粉砂岩、泥岩，平均速度为 3100~3500 m/s，密度为 2.4~2.6 g/cm³。而煤层的平均速度为 1900~2500 m/s，密度为 1.3~1.5 g/cm³，二者之间的波阻抗差大约为 5350，波阻抗差异大，反射系数约为 0.42，为强反射界面。二₁煤层具有产生地震反射波的良好条件，形成的反射波（T_2 波）能量强，连续性好。由于二₁煤层上下部局部发育有二₃、二₁′煤层，其间距较小，二₁煤层常常反映为双相位复合反射波 T_2，个别地段反映为单相位。深层地震地质条件总体较好。

综上所述，勘查区表层条件一般，浅层、深层条件较好，如图 4-2 所示。

从图 4-2 可以看出该区时间剖面的特征：新生界底界上部表现为水平的层状反射波，反映了新生界的水平沉积特征，下部有一组较强的反射波，由 1~2 个相位构成，连续性好，为二煤组反射波。二煤组下部及二煤组与新生界底界之间无明显较强的反射波。

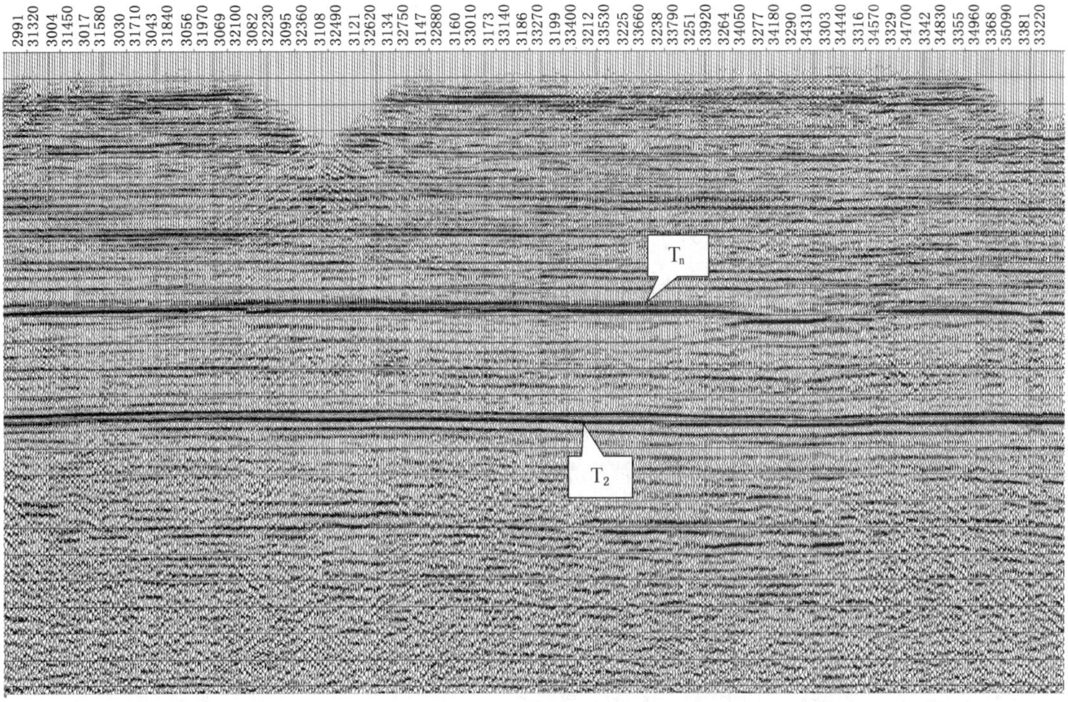

图 4-2　勘查区典型时间剖面

4.5　野外工作方法

4.5.1　试验工作及结论

为了了解区内的地震地质条件和有效波、干扰波的发育情况，选择最佳激发、接收因素，以获得信噪比较高的主要煤层反射波，从而确定完成地质任务所采用的基本工作方法及参数。通过试验，确定施工参数如下：

1. 激发因素

成孔工具为推磨钻，井深为 12~16 m，药量为 3~4 kg，村庄附近井深 16 m，药量适当减小，但不少于 2 kg。

2. 接收因素

检波器主频为 60 Hz，检波器组合个数为 2 串 2 并 4 个。

4.5.2　观测系统

道距为 20 m，炮距为 40 m，接收道数为 144 道，叠加次数为 36 次，激发方式为中

— 33 —

间点激发。

4.5.3 测网布置

1. 测线布置原则

地震主测线尽量与地质勘查线重合,测线长度应能控制勘查区边界和边缘构造,联络测线应尽量垂直主测线。另外,充分利用前期工作成果,测线尽量与以往施工的测线相交,尽可能过已知钻孔,便于后期资料连片对比解释成图。

2. 测网密度

根据《煤炭煤层气地震勘探规范》要求和专家论证意见,通许隆起、开封凹陷区地震概查及资源远景评价区测线网度使用 8000 m×8000 m 和 16000 m×16000 m 基本网度。睢县西部煤普查区内 2000 m 以浅布置的主测线间距为 2000 m,2000 m 以深布置的主测线间距为 4000 m,联络测线间距为 4000 m,最终形成 2000 m×4000 m、4000 m×4000 m 的正交测网。商丘地区胡襄煤普查区北部测线网度为 1000 m×2000 m,其他区域采用 2000 m×4000 m 和 4000 m×4000 m 的基本网度。

4.6 工作量完成情况及质量情况

勘查区共完成 C 级 GPS 控制点 18 个,D 级 GPS 控制点 148 个,联测 D 级 GPS 控制点 375 个,E 级控制点 166 个,合计控制点 707 个。完成地震测线 246 条,完成二维地震物理点 131685 个,测线总长 4498. 685 km。其中完成二维地震物理点 130475 个,甲级二维地震物理点 98962 个,占 75. 85%;乙级二维地震物理点 31265 个,占 23. 96%;废二维地震物理点 248 个,占 0. 19%;合格二维地震物理点共计 130227 个,占 99. 81%。甲级率和合格率均达到《煤炭煤层气地震勘探规范》和合同的要求。

4.7 资料处理

4.7.1 处理流程

资料处理工作在河南省煤田地质局物探测量队计算中心进行,采用的主机为 DELL7500,采用 CGG 公司的 Geovect4100 处理软件和美国 Green Mountain 公司初至波折射静校正软件,处理流程如图 4-3 所示。

4.7.2 处理成果质量评价

处理叠前采用了野外静校正、地表一致性反褶积、常速扫描,最大限度提高了资料

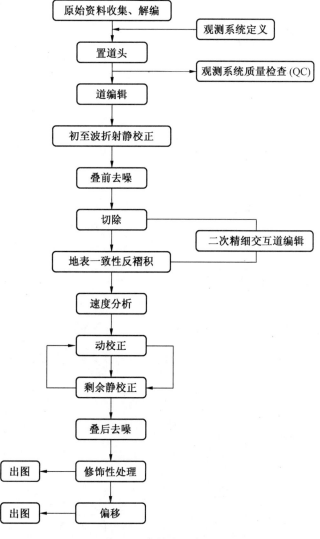

图 4-3　资料处理流程

的分辨率，剖面质量有了较大的提高。这主要表现在以下几个方面：

（1）去噪方法、参数选取适当，叠前采用高通滤波使得面波得到较好压制，叠后又采用随机噪声衰减，提高了剖面的信噪比，能清楚地呈现出主要反射层的成像效果。

（2）叠前采用了地表一致性反褶积技术，使剖面低频干扰得到较好压制，高频信号得到补偿，频带得到展宽。处理的剖面分辨率高，层次清楚。

（3）处理过程中每条线均进行了4次速度分析，用常速扫描得到的预测速度进行第一次速度分析，第二次速度分析用于再次精确拾取速度，第三次速度分析用于求取第一次剩余静校正量，第四次速度分析用于求取第二次剩余静校正量，速度分析精细，处理后获得的剖面质量较高。

（4）按照《煤炭煤层气地震勘探规范》对全区时间剖面进行了评级，结果如下：剖面总长 4498.685 km，其中 Ⅰ 类剖面长 3450.165 km，占 76.69%；Ⅱ 类剖面长 890.16 km，占 19.79%；Ⅲ 类剖面长 158.36 km，占 3.52%；Ⅰ + Ⅱ 类剖面长 4340.325 km，占 96.48%。

4.8 资料解释

4.8.1 二维资料解释流程

解释流程如图 4-4 所示。

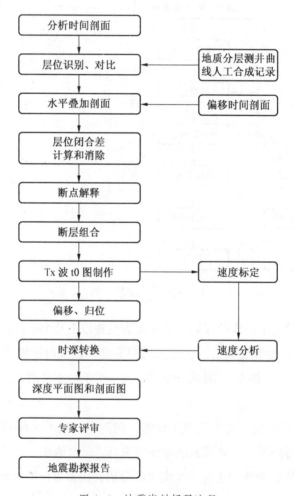

图 4-4 地震资料解释流程

4.8.2　解释方法

该区地震资料的解释采用水平叠加剖面进行交点闭合，利用水平叠加剖面参考叠加偏移剖面进行构造解释，利用水平叠加、偏移剖面结合该区三维数据体勾绘等时图，进行空间归位和时深转换。

4.8.3　地震资料的地质解释

4.8.3.1　断点解释

断点在时间剖面上表现为标准波同相轴的错断、扭曲、分叉、合并、强相位的转移及反射波组同相轴的突然增减，同时在水平叠加剖面上常伴随有绕射波、断面波等特殊波的出现，如图 4-5 所示。

由于岩性的变化及斜层的干扰在时间剖面上会出现一些假断点及一些断点显示不出来的情况，需要将水平叠加剖面与偏移剖面反复对比解释，去伪存真，并注意剖面细节，达到解释正确合理。

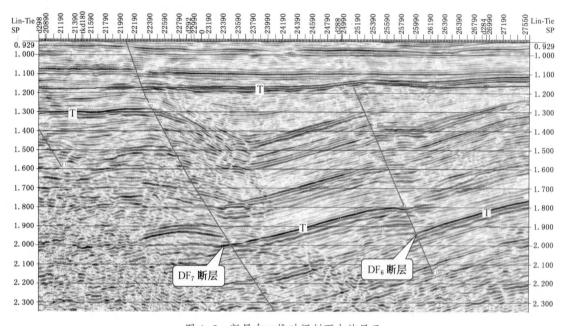

图 4-5　断层在二维时间剖面上的显示

4.8.3.2　断点的组合

将时间剖面上解释的断点在平面上组合为断层。依据如下原则：

（1）在充分研究该区区域构造规律和断层发育方向的基础上，对相邻测线的相似断点进行组合，并参考断点落差、产状的变化。

（2）平面上组合不合理的断点，再回到剖面上分析剖面的多解性，重新解释，反

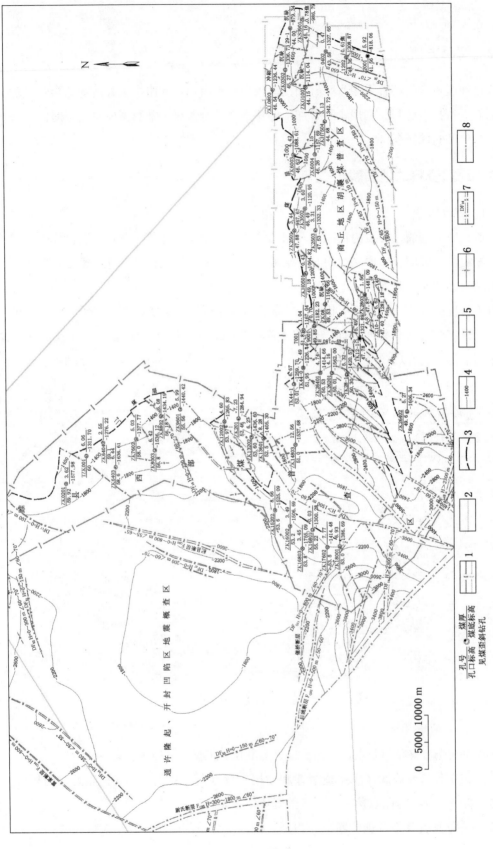

图4-6 通柘煤田二₁煤底板等高线图

孔号 ○煤厚
孔口标高 ●煤底标高
见煤歪斜钻孔

1—普查区边界；2—概查区；3—煤层露头线；4—煤层底板等高线；5—背斜；6—向斜；7—正断层；8—无煤带边界

1	2	3	4	5	6	7	8

— 38 —

复对比，使断层得到最佳解释与组合。

4.8.3.3　等时线平面图的制作

根据区域构造规律，将平面上落差相近、特征相似的断点组合为断层后，在水平叠加剖面上按一定的间距读取 T_n 波和 T_2 波的时间值，标绘于断层组合后的平面图上，利用平面上时间值的分布规律勾绘等时线平面图。等时线平面图近似反映了煤层底板的起伏形态。

4.8.3.4　平面图与剖面图的绘制

1. 等时线平面图的绘制

等时线平面图以时间为量纲，是反映反射层的构造形态的时间平面图。该次地震勘查作了 T_n 波、T_2 波等时线平面图。

2. 速度标定、时深转换、深度平面的绘制

由于勘查区面积大，区内钻孔资料较少，速度标定以区内钻孔资料结合处理过程中的叠加速度参数，绘制了新生界、二煤层以上地层速度平面图。区内新生界地层平均速度较为稳定，在 1900~2200 m/s 之间；二煤层以上地层速度范围变化大，在 2100~3300 m/s 之间。

时深转换时用等时平面和同比例的速度平面图相结合，在等时图的基础上直接进行，偏移归位后时深转换，由此绘出深度平面图。

3. 成果图的绘制

成果图的制作包括煤层底板等高线平面图及深度剖面图。

地面标高值减去煤层深度值，换算成煤层底板标高值，绘制出煤层底板等高线平面图。通柘煤田二$_1^2$煤层底板等高线图如图4-6所示。

4.9　地质成果

1. 新生界厚度

新生界厚度变化较大，变化范围在 500~1800 m，大部分在 900~1300 m 之间。新生界厚度中部较薄，向北向南逐渐变厚。

2. 煤层底板形态及煤层赋存情况

该区煤系地层倾角为 $2°~24°$，中部地层倾角为 $2°~5°$，周边地层倾角为 $10°~24°$。在胡襄煤普查区地层走向为 EW，倾向为 S，地层倾角为 $5°~20°$。在睢县西部煤普查区地层走向变为 NNW，倾向为 SWW，地层倾角为 $3°~24°$，向西倾角逐渐变缓。在通许隆起、开封凹陷区地震概查及资源远景评价区地层倾角为 $2°~5°$。

该区煤层总赋存面积约 6191 km^2，其中埋深 1200 m 以浅的赋存面积为 204 km^2，主要分布在胡襄煤普查区；埋深 1200~1500 m 以浅的赋存面积为 642 km^2；埋深 1500~2000 m 的赋存面积为 2557 km^2；埋深 2000 m 以深的赋存面积 2788 km^2。

5 煤 田 地 质

5.1 地层

根据煤田内钻孔揭露情况，该区地层自下而上发育奥陶系中统马家沟组（O_2m）、石炭系上统本溪组（C_2b）和太原组（C_2t）、二叠系下统山西组（P_1s）和下石盒子组（P_1x）、上统上石盒子组（P_2s）和上统石千峰组（P_2sh）、新近系（N）及第四系（Q），见表5-1。二叠系下统山西组为主要含煤地层。现自下而上分述地层特征。

表5-1 通柘煤田地层简表

地层单位				厚度$\left(\dfrac{最小\sim最大}{平均}\right)$/m	标志层	岩性描述
界	系	统	组	段			
新生界	第四系+新近系（Q+N）				$\dfrac{760.35\sim1351.17}{1083.01}$		顶部为耕植土。主要由土黄色、褐红色和灰绿色黏土、砂质黏土、粉砂和细砂组成。下部主要以土黄色、灰绿色黏土岩夹砾石为主，局部夹次生碳酸盐层，固结程度较好
古生界	二叠系（P）	上统（P_2）	石千峰组（P_2sh）	第二段和第三段（P_2sh^{2-3}）	429.98（钻孔揭露厚度）		为紫红色、紫褐色、灰绿色的泥岩、砂质泥岩、粉砂岩及细砂岩，岩石中多含星点状云母片，局部含铁质，泥岩及砂质泥岩中含姜结石
				第一段（P_2sh^1）	54.75	Sp	本段为平顶山砂岩（Sp）标志层段，岩性为灰绿色~灰白色的中粗粒石英砂岩，分选中等，硅质胶结，致密坚硬，局部含少量黄铁矿结核，具交错层理
			上石盒子组（P_2s）	第二段（P_2s^2）	32.94（最大揭露厚度）	八煤S_8	为浅灰绿色、灰绿色、紫红色泥岩、砂质泥岩夹细~中粒砂岩。底部的S_8砂岩为浅灰色中细粒砂岩，有冲刷现象
				第一段（P_2s^1）	201.85	七煤组和St	主要为灰绿、紫红色泥岩、砂质泥岩和灰绿色、浅灰绿色粉砂岩、细砂岩等，局部发育薄煤线或炭质泥岩

表 5-1（续）

地 层 单 位				厚度$\left(\dfrac{最小～最大}{平均}\right)$/m	标志层	岩 性 描 述
界	系	统	组	段			

界	系	统	组	段	厚度	标志层	岩 性 描 述
古生界	二叠系（P）	上统（P$_2$）	上石盒子组（P$_2$s）	第一段（P$_2$s^1）	201.85	七煤组和 St	底部的田家沟砂岩（St）为浅灰色、灰绿色中细粒砂岩，分选度较差，具斜层理，局部含泥质包裹体
		下统（P$_1$）	下石盒子组（P$_1$x）	第四段（P$_1$x^4）	$\dfrac{67.60～115.67}{88.46}$	六煤组和 S$_6$	以灰色、灰绿色泥岩、砂质泥岩、紫斑泥岩为主，夹数层中、细粒砂岩。局部发育薄煤线或炭质泥岩。底部 S$_6$ 砂岩为灰白色中细粒砂岩
				第三段（P$_1$x^3）	$\dfrac{77.15～124.73}{103.19}$	五煤组和 S$_5$	由灰色、灰绿色泥岩、铝质泥岩、绿灰～灰白色中、细粒砂岩及粉砂岩组成。本组煤层不发育，均不可采。底部的 S$_5$ 砂岩为灰白色中～粗粒石英砂岩，常含石英和燧石砾石
				第二段（P$_1$x^2）	$\dfrac{63.21～158.15}{99.61}$	四煤组和 S$_4$	由灰色、灰绿色、深灰色泥岩、砂质泥岩、铝质泥岩、细粒砂岩组成，夹有中粒砂岩及粉砂岩。中部偶见四$_2$煤层，不可采。底部 S$_4$ 砂岩为浅灰～灰白色细粒砂岩，含较多泥质包体，具斜层理和泥质条带，含菱铁质
				第一段（P$_1$x^1）	$\dfrac{76.58～136.50}{101.03}$	三$_4$煤层、三$_2$煤层、Ss	以灰～灰黑色泥岩、砂质泥岩、浅灰色砂岩及不稳定的薄煤层为主，富含植物化石及碎片。三煤组各煤层赋存于该组的中部，三$_2$、三$_4$煤层偶见可采点。底部的砂锅窑砂岩（Ss）为灰白色细、中粒砂岩，成分以石英为主
			山西组（P$_1$s）		$\dfrac{68.88～128.84}{92.44}$	二$_1^2$煤层和二$_1^1$煤层	灰～灰黑色泥岩、砂质泥岩、粉砂岩、细粒砂岩和煤层组成。含煤 1～6 层，分布于中下部，其中二$_1^2$煤层为煤田的主要可采煤层

表 5-1（续）

地　层　单　位				厚度$\left(\dfrac{最小\sim最大}{平均}\right)$/m	标志层	岩　性　描　述
界	系	统	组	段			
古生界	石炭系（C）	上统（C$_2$）	太原组（C$_2t$）		$\dfrac{88.35\sim147.58}{108.54}$	L$_{11}$灰岩、一煤组、L$_2$灰岩	深灰色灰岩、泥岩、砂岩不等厚互层，间夹薄煤层1~9层。共含灰岩9~11层，自下而上编号为 L$_1$、L$_2$、…、L$_{11}$，顶部 L$_{11}$灰岩为生物碎屑灰岩，下部为含燧石结核的 L$_2$ 灰岩
			本溪组（C$_2b$）		$\dfrac{21.64\sim27.53}{24.17}$		为灰色、青灰色、深灰色泥岩、砂质泥岩、铝土质泥岩，向下铝质含量渐多，底部为紫红色铝土泥岩，含较多的铁质鲕粒和结核
	奥陶系 O	中统（O$_2$）	马家沟组（O$_2m$）		最大揭露厚度为 16.13 m		浅灰、灰色、隐晶质~细晶质、中厚~厚层状石灰岩、白云质灰岩

5.1.1　奥陶系（O）

该区仅 4 个钻孔揭露马家沟组上部地层，最大揭露厚度为 16.13 m，主要为浅灰、灰色、隐晶质~细晶质、中厚~厚层状石灰岩、白云质灰岩，上部含黄铁矿晶体。

5.1.2　石炭系（C）

5.1.2.1　上统本溪组（C$_2b$）

本组地层厚度为 21.64~27.53 m，平均厚 24.17 m。底部为紫红色铝土泥岩，含较多的铁质鲕粒和结核，相当于山西式铁矿层位；下部为灰~灰白色铝土质泥岩，含菱铁质鲕粒，具滑感；上部由灰~深灰色砂质泥岩及泥岩组成，偶夹薄层泥灰岩，向下渐变铝质。与下伏奥陶系马家沟组地层呈平行不整合接触。

5.1.2.2　上统太原组（C$_2t$）

该区含煤地层之一，即一煤组。上至 L$_{11}$灰岩顶面，与下伏本溪组地层呈整合接触。本组地层厚 88.35~147.58 m，平均厚 108.54 m，由薄~中厚层状灰岩、泥岩、砂质泥岩、砂岩组成。含薄煤层1~9层，各煤层基本上无经济价值。全组共含灰岩9~11层，自下而上编号为 L$_1$、L$_2$、…、L$_{11}$，单层一般厚1~5 m，最厚者可达 11.4 m。根据岩性特征该组可分为上、中、下 3 段。

　　1. 下段

自本溪组顶界至 L_2 灰岩顶界，下部为粉砂岩、泥岩及薄煤层，具水平层理及波状层理，富含黄铁矿结核，含少量植物碎片化石及炭屑。上部为灰色厚层状石灰岩（L_2），富含动物化石及燧石结核，层位稳定，厚度为 1.7~9.13 m，平均厚度为 5.76 m。

2. 中段

自 L_2 灰岩顶至 L_7 灰岩底，主要由泥岩、砂质泥岩、粉砂岩、薄层灰岩及薄煤层组成，煤层均不可采，泥岩多具鲕状结构。

3. 上段

自 L_7 灰岩底至 L_{11} 灰岩顶界，以灰岩为主，夹薄层泥岩、细粒砂岩及煤层。本组顶界 L_{11} 灰岩为浅灰~灰色生物碎屑灰岩，厚度为 0.93~6.94 m，平均厚度为 2.3 m，具缝合线构造，含大量海百合茎、腕足类等海相动物化石，层位稳定，其顶界面是石炭系和二叠系分界的重要标志。

5.1.3　二叠系（P）

5.1.3.1　下统山西组（P_1s）

为该区主要含煤地层，即二煤组。下自太原组顶部 L_{11} 灰岩顶面，上止于砂锅窑砂岩（Ss）底界，厚度为 68.88~128.84 m，平均 92.44 m，与下伏太原组地层整合接触。主要由灰~灰黑色泥岩、砂质泥岩、粉砂岩、细粒砂岩和煤层组成。含煤 1~6 层，分布于中下部，其中二$_1^2$煤层为煤田的主要可采煤层，二$_1^1$煤层在煤田东部普遍可采。根据其岩性及煤层组合特征，本组自下而上分为两段，下段包括二$_1$煤层段、大占砂岩段，上段包括香炭砂岩段及小紫泥岩段。

1. 下段

下段下起太原组顶部灰岩（L_{11}）顶面，上至大占砂岩（Sd）顶面，以深灰~灰黑色砂质泥岩和灰黑色致密湖相泥岩为主，含植物碎片化石；其次为细粒砂岩，水平层理发育，层面含炭质及黄铁矿。中下部发育煤田内主要可采的二$_1^2$煤层，其层位稳定，结构简单，偶含 1~2 层夹矸；其上发育有大占砂岩（Sd），层位稳定，成分以石英为主，含较多云母片，为对比二$_1^2$煤层的主要标志层。

2. 上段

上段下起大占砂岩（Sd）顶界，上至砂锅窑砂岩（Ss）底界，以泥岩、砂质泥岩及砂岩为主。下部以灰白色中、细粒砂岩为主，局部较细，相变为粉砂岩，俗称香炭砂岩，其下局部发育二$_2$煤层（二$_2$煤层不可采）。上部泥岩含铝土质，具暗斑、紫斑及鲕粒，俗称小紫泥岩。

本组富含植物化石：

Cordaites sp.　科达叶（未定种）

Cordaites Prinapalis Gein 带科达

Pecopteris taiyuansis Halle 太原栉羊齿

Pascipteris densata Gu et zhi 密囊束羊齿

Pecopteris Latiuenosa 厚脉栉羊齿

Pecopteris sp. 栉羊齿

Cladophiebis ozakii 少叉枝脉蕨

Tingia hamaguchii konno 菱齿叶

Lobatannularia 瓣轮叶

Asterophyllites? sp. 星叶?（未定种）

Paracalamites sp. （*cf. p. tenuicoatatus Gu et zhi*）相似细肋副芦木

Paracalamites sp. 副芦木

Stigmaria ficoides Brongn. 脐根座

Lepidodendron szeianmm Lee. 斯氏鳞木（相似种）

Lepidodendrom oculus—felis zeill. 猫眼鳞木

5.1.3.2 下统下石盒子组（P_1x）

本组底界起于砂锅窑砂岩（Ss）底面，顶界止于田家沟砂岩（St）底面，平均厚度为 392.29 m，与下伏山西组地层呈整合接触。由泥岩、铝质泥岩、砂岩、粉砂岩与薄煤层组成。据煤、岩层组合特征可分为三、四、五、六等 4 个煤组。

1. 第一段（P_1x^1）

该区含煤地层之一，即三煤组。下界至砂锅窑砂岩（Ss）底面，上界止于 S_4 砂岩底面，厚度为 76.58~136.50 m，平均厚度为 101.03 m。岩性组合以灰~灰黑色泥岩、砂质泥岩、浅灰色砂岩及不稳定的薄煤层为主，富含植物化石及碎片，水平层理、斜层理发育。三$_1$、三$_2$、三$_3$、三$_4$、三$_5$ 五层薄煤层赋存于该组的中部，常相变为灰黑色泥岩或炭质泥岩，其中三$_2$、三$_4$ 煤层偶见可采点。

底部发育有灰白色细~中粒砂岩，厚度为 1.13~14.21 m，平均厚度为 5.26 m，以细、中粒砂岩为主，成分以石英为主。此砂岩为下石盒子组底界，层位稳定，是良好的标志层，俗称砂锅窑砂岩。其上为灰色~浅灰色鲕粒铝质泥岩，常具紫色斑块，含菱铁质鲕粒，局部具同心圆结构，层位稳定，厚约 8 m，俗称大紫泥岩，为该区主要标志层之一。中部为细粒砂岩、砂质泥岩夹煤层，砂岩中岩屑含量较高，常具黑白相间的微波状水平层理。上部以浅灰色、灰色泥岩、砂质泥岩为主。

2. 第二段（P_1x^2）

该区含煤地层之一，即四煤组。底界起于 S_4 砂岩底面，顶界止于 S_5 砂岩底面。厚度为 63.21~158.15 m，平均厚度为 99.61 m，由灰色、灰绿色、深灰色泥岩、砂质泥岩、铝质泥岩、细粒砂岩组成，夹有中粒砂岩及粉砂岩。泥岩中含较多植物碎片化石，砂岩中含较多泥质团块和包体，局部含菱铁质鲕粒。中部含煤线或炭质泥岩，偶见四$_2$煤层，不可采。

底部的 S$_4$ 砂岩厚度为 1.74~20.13 m，平均厚度为 8.07 m，多为浅灰~灰白色细粒砂岩，局部相变为粗粒砂岩，成分以石英、长石为主，硅泥质胶结，含较多泥质包体，含菱铁质，具斜层理和泥质条带，层面含碳质，层位稳定，岩性特征显著。

3. 第三段（P$_1$x^3）

该区含煤地层之一，即五煤组。下起 S$_5$ 砂岩底面，上至 S$_6$ 砂岩底面，厚度为 77.15~124.73 m，平均厚度为 103.19 m。由灰色、灰绿色泥岩、铝质泥岩、绿灰~灰白色中、细粒砂岩及粉砂岩组成。本组煤层不发育，仅 3 个钻孔穿见了一层五煤，均不可采。

底部的 S$_5$ 砂岩为灰白色中~粗粒石英砂岩，厚度为 1.19~20.53 m，平均厚度为 9.05 m，硅质胶结为主，成分以石英为主，常含石英和燧石砾石，具斜层理，层位稳定，特征明显，为五煤组和四煤组的分界标志层。下部为浅灰色、灰绿色泥岩、砂岩互层，中部及上部以灰色、灰绿色泥岩和铝质泥岩为主。

4. 第四段（P$_1$x^4）

该区含煤地层之一，即六煤组。下起 S$_6$ 砂岩底面，上至田家沟砂岩（St）底面，厚度为 67.60~115.67 m，平均厚度为 88.46 m。本组岩性以灰色、灰绿色泥岩、砂质泥岩、紫斑泥岩为主，夹数层中、细粒砂岩。砂岩以石英为主，长石次之，泥岩局部含植物化石及炭屑，紫斑泥岩中常含菱铁质鲕粒。本组煤层不发育。底部 S$_6$ 砂岩为灰白色中细粒砂岩，厚度为 4.04~23.97 m，平均厚度为 8.88 m，为该组地层底界。

本组含植物化石：

Carpolihus sp. 石籽（未定种）

Rhipidopsis 扇叶？

Pecopteris orientalis pot. 东方栉羊齿

Compsopteris? sp. 焦羊齿（未定种）

Pecopteris lativenosa Halle 雪脉栉羊齿

Gigantonoclea sp. 单网羊齿（未定种）

Pecopteris sp. 栉羊齿

Plagiozamites oblangifolius Halle 椭圆斜羽叶

5.1.3.3 上统上石盒子组（P$_2$s）

本组下起田家沟砂岩（St）底面，上至平顶山砂岩（Sp）底面，与下伏下石盒子组地层呈整合接触。本组中以 S$_8$ 砂岩为标志层将地层分为两段，第一段全区仅 1 个钻孔揭穿，第二段揭露不全。

1. 第一段（P_2s^1）

该区含煤地层之一，即七煤组。底界起于田家沟砂岩（St）底，顶界止于S_8砂岩底面，该区仅1个钻孔完全揭露，厚度为201.85 m，岩性主要为灰绿、紫红色泥岩、砂质泥岩和灰绿色、浅灰绿色粉砂岩、细砂岩等，局部夹浅灰色中粒砂岩，局部发育薄煤线或炭质泥岩。紫斑泥岩中含青灰色及杂色斑块，局部含铝质和菱铁质鲕粒，含有植物化石及碎片。本组煤层不发育。

本段底部的田家沟砂岩为浅灰色、灰绿色中细粒砂岩，厚度为1.85～19.37 m，平均厚度为9.19 m，分选度较差，次棱角—棱角状，石英含量在60%以上，泥质胶结为主，具斜层理，局部含泥质包裹体，为七煤组与六煤组的分界标志层。

2. 第二段（P_2s^2）

下自S_8砂岩底面，上止于平顶山砂岩（Sp）底面。通柘煤田内钻孔最大揭露厚度为32.94 m。本组岩性为浅灰绿色、灰绿色、紫红色泥岩、砂质泥岩夹细～中粒砂岩。底部的S_8砂岩为浅灰色中细粒砂岩，厚度14.8 m，石英成分达70%左右，分选中等，硅质胶结，致密坚硬，底部有冲刷现象，层位比较稳定，为本段的底界面。

本组含植物化石：

Cordaites sp. 科达（未定种）

Pecopteris Taiyuanensis Halle 太原栉羊齿

Compsopteris sp. 焦羊齿的顶小羽片（未定种）

Pecopteris sp. 栉羊齿（未定种）

Comia sp. 异脉羊齿（未定种）

Gigantonaclee sp. 单网羊齿（未定种）

Lobatannularis heianensis（Kod.）Kaw. 平安瓣轮叶

5.1.3.4 上统石千峰组（P_2sh）

该区石千峰组仅1个钻孔揭露，揭露厚度为484.73 m。

1. 第一段（P_2sh^1）

本段为平顶山砂岩（Sp）标志层段，该段在区域上稳定，为上石盒子组与石千峰组的分界标志层。钻孔穿见厚度为54.75 m，岩性为灰绿色～灰白色的中粗粒石英砂岩，石英含量在95%以上，分选中等，次圆状，硅质胶结，致密坚硬，局部含少量黄铁矿结核，具交错层理。

2. 第二段和第三段（P_2sh^{2-3}）

钻孔揭露厚度为429.98 m。岩性为紫红色、紫褐色、灰绿色的泥岩、砂质泥岩、粉砂岩及细砂岩等，岩石中多含星点状云母片，局部含铁质，致密坚硬，性脆，泥岩及砂质泥岩中含姜结石。

5.1.4 新近系（N）和第四系（Q）

钻孔揭露的厚度为 760.35~1351.17 m，平均厚度为 1083.01 m，总体趋势为自东向西逐渐增厚，呈角度不整合于下伏古生界地层之上。

下部以黏土岩夹砾石为主，黏土内含铝质斑块及钙质结核，有时薄层砾石与黏土形成互层，局部夹次生碳酸盐层，底部为粗砂层，偶见分选差的砾石。本段沉积物固结程度较好，硬度大，基本上全成岩。

中部为土黄色、棕黄色、灰绿色细砂、粉砂、黏土、砂质黏土，夹数层十几至几十米厚弱固（半固）结的褐黄、浅棕黄色黏土、砂质黏土，含少量钙质及钙质结核，砂层厚度变化较大。

上部由灰黄、黄褐色砂质黏土、黏土组成，含有小砾石及姜结石，夹有薄层细砂、粉砂层。

顶部为灰褐色耕植土，具植物根茎碎片。

5.2 构造

通柘煤田主体位于华北坳陷之次级构造单元通许隆起，根据其总体构造特征，通柘煤田可分为 4 个二级构造区：胡 DF_7 断层以东为东区，睢县西部普查区 96 勘探线以北、杞县断层（F_{Q30}）以东为中北区，96 勘探线以南、杞县断层（F_{Q30}）以东、胡 DF_7 断层以西为中南区，杞县断层（F_{Q30}）以西为西区。各区的构造形态为：东区为走向近东西向、倾向南的单斜构造，在煤田东端的沙集—宋集一带地层转折呈南北走向，地层倾角一般在 2°~15° 之间，多在 3°~12° 之间。中北区构造形态为走向北西、倾向南西、倾角为 3°~10° 的单斜构造。中南区睢 DF_{10} 断层以西至崔桥断层为一地层走向北东、倾向北西、倾角为 3°~12° 的单斜构造；睢 DF_{10} 断层以东煤系地层走向变化较大，构造形态为一轴向 SE 的不对称向斜构造（倾角 3°~22°），被走向 NE、倾向 SE 的断层所切割，形态不完整。西区总体为中间浅、向四周逐渐变深的背斜构造，倾角为 6°~20°。

受后期构造的改造，局部发育了 6 个次级褶皱。煤田内共发育断层 103 条，均为高角度的正断层，煤田内断层走向以 NE、NNE 为主，其次为 NWW、NEE 向，断层对煤系地层的走向及展布形态变化有一定的影响。

5.2.1 褶皱

煤田内发育有沙集向斜、宋集向斜、柘城向斜、柘城背斜、常寺背斜、太康向斜。

1. 沙集向斜

沙集向斜位于煤田东北部，轴部位于沙集北部。向斜轴向 NEE，向斜向 W 向倾伏，向 E 仰起，轴部长约 8.6 km，受胡 DF_{24} 断层的影响轴部西端被切割破坏。两翼倾角（11°左右）基本对称，北翼地层倾向 SW，煤层由北东向南西方向逐渐加深。南翼地层被 DF_{22} 断层切割破坏，倾向 NWW。

2. 宋集向斜

宋集向斜位于煤田的东南部，轴部位于宋集—坞墙一带。轴向 NNE 转 NNW 向，向 S 向倾伏，向 N 仰起，轴部长约 19.7 km。两翼倾角（10°左右）基本对称。西翼地层倾向 SE，煤层由北西向南东方向逐渐加深。东翼地层被胡 DF_{26} 断层切割，地震测线 D040 以北倾向 SE，D040 测线与 90 测线之间倾向 SW，90 测线以南地段地层倾向由北向南为 NWW 转 SW。

3. 柘城向斜

柘城向斜位于煤田的中南部，轴部位于柘城县城北部。向斜轴向近东西向，东段转折为 NW 向，向 SE 向倾俯，向 NW 仰起，西段被 PDF_4 断层所截，东段被胡 DF_{12} 断层切断，轴部长约 24.8 km，受 PDF_6、胡 DF_7 及胡 DF_{11} 断层切割破坏较严重。两翼倾角不对称，北翼 4°左右，地层倾向 SW。南翼 4°~14°，受胡 DF_8、胡 DF_9、胡 DF_{35} 断层的影响，地层倾向呈 NW、NE 相间变化，中部接柘城背斜北翼。

4. 柘城背斜

柘城背斜位于煤田的中南部，轴部位于柘城县城西部。轴向近东西向，局部为 NWW 向，背斜向 SEE 向倾伏，向 NWW 仰起，东段被胡 DF_{35} 断层截断，轴部长约 13.4 km。受胡 DF_7、胡 DF_8、胡 DF_9、胡 DF_{33} 断层的影响，轴部及两翼被严重切割破坏。两翼倾角不对称，北翼 11°左右。地层在胡 DF_7 断层以西及胡 DF_8 断层以东倾向 NW，胡 DF_7 断层至胡 DF_8 断层之间倾向 NE，北翼地层接柘城向斜南翼中部。南翼地层在胡 DF_{33} 断层以西倾向 SW，胡 DF_{33} 断层以东倾向南。

5. 常寺背斜

常寺背斜位于通柘煤田中北部，轴部位于常寺村附近。背斜轴向 NW 向，长约 7 km，核部主要由寒武系、奥陶系碳酸盐岩构成。两翼地层为石炭二叠系含煤碎屑岩系，两翼基本对称，倾角 5°左右，为一宽缓的背斜。

6. 太康向斜

太康向斜位于通柘煤田的中南部，轴部位于太康县城的东北部。轴向 NW，向 NW 向倾俯，长约 14 km，核部由寒武系、奥陶系地层组成；两翼为石炭二叠系地层，地层倾角一般在 20°以上，向斜被一系列走向 NE、倾向 SE 的断层所切割，形态不完整。

5.2.2 断层

全区共解释 112 条断层，其中落差不小于 1000 m 的断层 14 条，主要分布在胡襄煤普查区和睢县西部煤普查区中间的地层走向转折处及通许隆起、开封凹陷区地震概查及资源远景评价区的南部、西部及北部边界处；落差在 500~1000 m 的断层 15 条，主要分布在胡襄煤普查区和睢县西部煤普查区中间的地层走向转折处及通许隆起、开封凹陷区地震概查及资源远景评价区的南部、西北部边界处；落差在 200~500 m 的断层 20 条，落差在 100~200 m 的断层 35 条，落差小于 100 m 的断层 28 条。

区内断层走向规律性明显，全区 112 条断层中，走向 NE、NNE、NEE 的断层共计 78 条，其他方向的断层 34 条，断层以 NE、NNE、NEE 走向为主。500 m 以上的断层走向以 NE、NW 向为主。规模巨大，控制区域构造格局的深大断裂称之为 I 级断层；规模较大，延伸较长，落差较大，对煤层赋存状况有较大的影响，可作为未来井田划分的边界断层称之为 II 级断层。

5.2.2.1 I 级断层

1. 睢县断层（F_{Q22}）

睢县断层（F_{Q22}）位于煤田的中部，走向 NE，倾向 NW，倾角 60°~70°，落差大于 1000 m，延展长度大于 30 km。

2. 聊兰断层（F_{Q18}）

聊兰断层（F_{Q18}）位于煤田中北部边界，走向 NE，倾向 NW，倾角 40°~70°，落差 900~4000 m，延展长度大于 21 km。

3. 付草楼断层

付草楼断层位于煤田的中南部，走向 NEE，倾向 SSE，倾角 60°~70°，落差大于 2300 m，延展长度大于 30 km。

4. 包屯断层（F_{Q31}）

包屯断层（F_{Q31}）位于煤田的西南部，走向 NWW—NW，倾向 NNE—NE，倾角 50°~60°，落差 800~1400 m，延展长度大于 54 km。

5. 尉氏断层（F_{Q33}）

尉氏断层（F_{Q33}）位于煤田的西部，走向 NWW，倾向 SWW，倾角 60°，落差 300~1800 m，区内延展长度约 31 km。

5.2.2.2 II 级断层

1. 胡 DF_{14} 断层

胡 DF_{14} 断层位于煤田中东部东南侧，走向 NEE—NNE，倾向 SSE—SEE，倾角 60°~70°，落差 0~250 m，区内延展长度 24.54 km，ZKL0405 钻孔穿见，断失山西组下段地层。

2. 胡 DF_{22} 断层

胡 DF_{22} 断层位于煤田东部北段，走向 NW，倾向 NE，倾角 50°~70°，落差 50~520 m，中部落差较大。区内延展长度 17.8 km，错断胡 DF_{23} 断层，北西端交于胡 DF_{32} 断层，南东段下盘交于胡 DF_{30} 断层，上盘错断煤层露头。

3. 胡 DF_{26} 断层

胡 DF_{26} 断层位于煤田东部，走向 NNE—N，倾向 NWW—W，倾角 70°，落差 70~650 m，中南段落差较大。区内延展长度 16.2 km，北端交于胡 DF_{22} 断层。

4. 胡 DF_7 断层

胡 DF_7 断层位于煤田中部，走向 NE，倾向 SE，倾角 68°，落差 60~400 m，区内延展长度 22.08 km，北东端错断煤层露头。

5. 睢 DF_6 断层

睢 DF_6 断层位于煤田中南部，走向 NE，倾向 SE，倾角 60°~70°，落差 0~1400 m，区内延展长度 60 km。断层南端错断二$_1$煤层隐伏露头。

6. 睢 DF_7 断层

睢 DF_7 断层位于普查区南部，走向 NE，倾向 SE，倾角 60°~70°，落差 1000~1800 m，区内延展长度 36 km。断层北端错断二$_1$煤层隐伏露头。

7. 睢 DF_{10} 断层

睢 DF_{10} 断层位于煤田中南部，走向 NE，倾向 SE，倾角 60°~70°，落差大于 1500 m，区内延展长度大于 40 km。

8. 睢 DF_{18} 断层

睢 DF_{18} 断层位于普查区南部，走向 NWW，倾向 SSW，倾角 60°~70°，落差大于 2300 m，区内延展长度 30 km。

9. 民权虞城断层（F_{Q4}）

民权虞城断层（F_{Q4}）位于煤田中北部边界，走向 NW，倾向 NE，倾角 50°~70°，落差大于 1500 m，区内延展长度约 6 km。

10. 崔桥断层（F_{Q11}）

崔桥断层（F_{Q11}）位于普查区南部，走向 NW，倾向 SW，倾角 60°~70°，落差 0~800 m，区内延展长度大于 35 km。断层被睢 DF_{10} 切割。

11. 杞县断层（F_{Q30}）

杞县断层（F_{Q30}）位于煤田中部，走向 NNE，倾向 SEE，倾角 60°~70°，落差 0~800 m，延展长度 38 km。

12. 通 DF_{57} 断层

通 DF_{57} 断层位于煤田西南部,走向近 EW,倾向 N,倾角 70°,落差 800~1450 m,延展长度 14 km。东段交于尉氏断层。

5.2.2.3 其他主要断层

区内其他断层的性质详见表 5-2。

表 5-2 通柘煤田断层情况一览表

断层名称	断层性质	走向	倾向	倾角/(°)	断距/m	延展长度/km	可靠程度
PDF_1	正	NNE	SEE	70	25~130	16.6	可靠
PDF_2	正	NNW	SSW	60~70	0~32	4.06	可靠
PDF_3	正	NE	SE	60~70	0~90	3.4	可靠
PDF_4	正	NE—N	SE—E	70	49~180	18.7	可靠
PDF_5	正	NE	SE	70	90~170	5.3	可靠
PDF_6	正	NE—NNE	SE—SEE	68	0~350	18.4	可靠
胡 DF_7	正	NE	SE	68	60~400	22.08	可靠
胡 DF_8	正	NEE	NNW	70	0~150	8.8	可靠
胡 DF_9	正	NEE	NNW	70	0~70	12.8	较可靠
胡 DF_{10}	正	NE	SE	68	0~200	11.9	可靠
胡 DF_{11}	正	NE	SE	70	0~100	12.17	较可靠
胡 DF_{12}	正	NEE	NNW	65	0~110	16.04	较可靠
胡 DF_{13}	正	NEE—NNE	NNW—NWW	65	0~150	33.64	较可靠
胡 DF_{14}	正	NEE—NNE	SSE—SEE	60~70	0~250	24.54	可靠
胡 DF_{15}	正	NW	NE	65	0~60	2.66	可靠
胡 DF_{16}	正	NWW	NNE	65	0~30	2.30	较可靠
胡 DF_{17}	正	NNE	NWW	70	0~60	6.13	可靠
胡 DF_{18}	正	NNW	NEE	60	0~280	8	可靠
胡 DF_{19}	正	NNW	NEE	70	40~200	10.1	可靠
胡 DF_{20}	正	NWW	NNE	60	20~200	7.22	较可靠
胡 DF_{21}	正	NNE	NWW	70	80~120	1.86	较可靠
胡 DF_{22}	正	NW	NE	50~70	50~520	17.8	可靠
胡 DF_{23}	正	NNE	NWW	50~70	0~220	11.09	较可靠
胡 DF_{24}	正	NNE	NWW	65	0~250	5.29	较可靠
胡 DF_{25}	正	NW	SW	65	0~50	2.24	可靠
胡 DF_{26}	正	NNE—N	NWW—W	70	70~650	16.2	较可靠
胡 DF_{27}	正	NNE	NWW	70	0~200	8.4	可靠
胡 DF_{28}	正	NNE	NWW	70	0~50	3.44	可靠
胡 DF_{29}	正	近 E	近 N	65	0~140	2.54	较可靠
胡 DF_{30}	正	NE	NW	65	>100	1.95	较可靠

表 5-2（续）

断层名称	断层性质	走向	倾向	倾角/(°)	断距/m	延展长度/km	可靠程度
胡 DF$_{31}$	正	NWW	SSW	65	>200	5.26	较可靠
胡 DF$_{32}$	正	NE	NW	65	50~150	2.49	较可靠
胡 DF$_{33}$	正	NE	SE	70	50~350	9.94	较可靠
胡 DF$_{34}$	正	NNE	SEE	70	0~80	3.43	较可靠
胡 DF$_{35}$	正	NNE	SEE	70	0~400	8.45	较可靠
胡 DF$_{36}$	正	NE	NW	60	0~250	3.99	较可靠
睢 DF$_{2}$	正	NE	SE	60~70	0~200	9	可靠
睢 DF$_{3}$	正	NE	SE	60~70	0~100	4.5	可靠
睢 DF$_{4}$	正	NE	SE	60~70	0~220	22	可靠
睢 DF$_{5}$	正	NE	SE	60~70	0~400	18	可靠
睢 DF$_{6}$	正	NE	SE	60~70	0~1400	60	可靠
睢 DF$_{7}$	正	NE	SE	60~70	1000~1800	36	可靠
睢 DF$_{8}$	正	NE	SE	60~70	50~200	8	可靠
睢 DF$_{9}$	正	NE	SE	60~70	0~120	12	可靠
睢 DF$_{10}$	正	NE	SE	60~70	>1500	>40	可靠
睢 DF$_{11}$	正	NE	SE	60~70	0~250	15	可靠
睢 DF$_{12}$	正	NE 转向 SN	SE 转向 E	60~70	0~320	16	可靠
睢 DF$_{13}$	正	NE	NW	60~70	>500	17	可靠
睢 DF$_{14}$	正	NE	NW	60~70	0~500	16	可靠
睢 DF$_{15}$	正	NE	SE	60~70	0~230	18	可靠
睢 DF$_{16}$	正	NE	NW	60~70	0~180	>20	可靠
睢 DF$_{17}$	正	NE	NW	60~70	0~100	12	可靠
睢 DF$_{18}$	正	NWW	SSW	60~70	>2300	>30	较可靠
睢 DF$_{19}$	正	NNE	SEE	60~70	100~300	7	较差
睢 DF$_{20}$	正	NWW	NNE	60~70	0~600	>8	较可靠
睢 DF$_{21}$	正	NE	NW	60~70	0~100	6	较可靠
睢 DF$_{22}$	正	NE	SE	60~70	0~100	9	可靠
睢 DF$_{23}$	正	SN	E	60~70	100	9	可靠
睢 DF$_{24}$	正	NW	SW	60~70	250	7	可靠
睢 DF$_{25}$	正	SN	W	60~70	0~50	2	可靠
睢 DF$_{26}$	正	EW	S	60~70	0~40	3.5	可靠
睢 DF$_{27}$	正	NE	SE	60~70	0~60	6.5	可靠
睢 DF$_{28}$	正	NNE	SEE	60~70	0~30	3.5	可靠
睢 DF$_{30}$	正	NE	SE	60~70	0~180	7	可靠
睢 DF$_{31}$	正	NE	NW	60~70	0~30	1.5	可靠

表 5-2（续）

断层名称	断层性质	走向	倾向	倾角/(°)	断距/m	延展长度/km	可靠程度
睢 DF$_{32}$	正	NE	SE	60~70	0~100	1.5	可靠
睢 DF$_{33}$	正	NE	NW	60~70	0~20	2	可靠
睢 DF$_{34}$	正	NNE	NEE	60~70	0~20	1	可靠
睢 DF$_{35}$	正	NE	NW	60~70	0~20	2	可靠
睢 DF$_{36}$	正	NE	SE	60~70	0~100	7	可靠
睢 DF$_{37}$	正	NE	NW	60~70	0~90	7	较可靠
睢 DF$_{38}$	正	SN	W	60~70	0~180	2	较差
睢 DF$_{39}$	正	NNE	SEE	60~70	0~30	2	较差
睢 DF$_{40}$	正	NE	SE	60~70	0~60	5.5	可靠
睢 DF$_{41}$	正	NE	SE	60~70	0~20	1.5	可靠
睢 DF$_{42}$	正	NE	NW	60~70	0~50	2.5	可靠
睢 DF$_{43}$	正	NNE	NWW	60~70	0~80	4.6	可靠
睢 DF$_{44}$	正	NNE	NWW	60~70	0~20	1	可靠
睢 DF$_{45}$	正	NE	SE	60~70	0~100	3.5	可靠
睢 DF$_{46}$	正	NNE	NWW	60~70	0~50	4	可靠
睢 DF$_{49}$	正	NNE	NWW	60~70	0~30	1	较可靠
睢 DF$_{50}$	正	NWW	NNE	60~70	0~150	4	可靠
聊兰断层（F$_{Q8}$）	正	NWW	NNE	40~75	900~4000	>21	较可靠
民权虞城断层（F$_{Q4}$）	正	NW	NE	50~70	>1500	6	可靠
崔桥断层（F$_{Q11}$）	正	NW	SW	60~70	0~800	>35	可靠
付草楼断层	正	NEE	SSE	60~70	>2300	>30	较可靠
睢县断层（F$_{Q22}$）	正	NE	NW	60~70	>1000	>30	可靠
杞县断层（F$_{Q30}$）	正	NNE	SEE	60~70	0~800	38	可靠
通 DF$_{47}$	正	NE	SE	60~70	0~180	16	较可靠
通 DF$_{48}$	正	NE	SE	60~70	0~150	12	较差
通 DF$_{51}$	正	NNE	NWW	60~70	0~150	10	可靠
通 DF$_{52}$	正	NNE	NWW	60~70	0~300	12	可靠
通 DF$_{53}$	正	NNW	NEE	60~70	0~150	12	较可靠
通 DF$_{54}$	正	NE	NW	50~55	0~350	16	可靠
通 DF$_{55}$	正	NWW	NNE	60	260~800	20	较差
通 DF$_{57}$	正	近 EW	N	70	800~1450	14	较差
通 DF$_9$	正	NWW	NNE	70	0~150	4.3	较差
通 DF$_8$	正	NWW	NNE	70	0~50	2.5	较差
通 DF$_7$	正	NWW	NNE	70	0~100	2.7	较差
包屯断层（F$_{Q31}$）	正	NWW—NW	NNE—NE	50~60	800~1400	>54	较可靠

表 5-2（续）

断层名称	断层性质	走向	倾向	倾角/(°)	断距/m	延展长度/km	可靠程度
后姚断层（F_{Q32}）	正	NWW	NNE	50~60	0~500	39	较可靠
尉氏断层（F_{Q33}）	正	NNW	SWW	60	300~1800	31	较差
雷家断层（F_{Q34}）	正	NNE—NE	NWW—NW	60~70	0~600	5.8	可靠

5.3 岩浆岩

根据钻孔资料显示，岩浆岩在煤田东端的虞城县境内发育，其他地区未见岩浆岩。主要侵入层位为二叠系下统山西组（二煤组）及下石盒子组第一段（三煤组）两个主要煤组。岩浆岩多沿煤层中或煤层顶、底板及近煤层上下的软弱层顺层侵入，但岩浆岩连续性差，分布没有规律性。岩浆岩多呈岩席状或似层状，但厚度变化较大，岩性也不同，不同类型岩浆岩的形态及分布范围难以圈定。

5.3.1 岩浆岩种类及岩性

该区岩浆岩的种类主要为辉绿岩类、闪长（玢）岩类和煌斑岩类。

1. 辉绿岩

浅灰绿或暗绿灰色，辉绿结构，块状构造。主要矿物为基性斜长石，次为辉石，含微量的方解石、石英、磁铁矿等。斜长石呈自形~半自形的板条状组成格架，单斜辉石呈粒状充填其中，形成辉绿结构。在岩石中常见到被方解石细脉（0.5~3 mm）所充填的不规则裂隙。

2. 闪长岩

浅灰绿色，半自形粒状结构，显微均一构造。主要矿物为斜长石、角闪石，次为石英，次生矿物为绢云母、方解石、绿泥石等，并含微量磁铁矿。斜长石为半自形板柱状，长0.1~1.0 mm，聚片双晶，一级灰白干涉色，具环带结构，弱绢云母化，牌号在45左右，为中长石。普通角闪石纵切面细长柱状，长0.1~1.2 mm，浅黄绿色~浅褐绿色多色性，最高干涉色二级蓝绿，部分方解石化和绿泥石化。

3. 闪长玢岩

灰绿色，显微斑状结构，显微均一构造。主要矿物为斜长石、角闪石，次生矿物为方解石、绢云母，并含微量磁铁矿。斜长石纵切面长板柱状，长0.1~1.0 mm，一级灰白干涉色，聚片双晶与环带构造，部分具弱绢云母化、高岭石化和方解石化。角闪石为柱状，长0.5~2.5 mm，多色性。

4. 煌斑岩

淡灰黄~灰色，斑状结构，块状构造。主要矿物为黑云母、方解石、长石，次要矿物为磷灰石、黄铁矿等。

5.3.2 岩浆岩对煤层、煤质的影响

该区岩浆岩的种类不多，侵入方式简单，主要是顺层侵入于煤层、煤层顶底板及煤层的上下软弱层，对煤层及煤质有不同程度的影响。因其侵入位置不同，对煤层的影响范围、厚度和煤质等的影响程度也不相同。

（1）侵入于煤层之中时，造成煤层结构复杂化或不可采，且使煤层烘烤变质为天然焦，厚度较大的岩浆岩甚至将煤层吞噬变成无煤点。

（2）侵入于煤层直接顶板或底板时，多将煤层烘烤变质为天然焦，厚度较大岩浆岩使煤层变薄或不可采；侵入岩浆岩厚度不大时，使煤层受到烘烤而焦化程度不同，可形成煤焦混合层。

5.3.3 岩浆岩产出时代

该区穿见的岩浆岩没有进行同位素年龄测定。据永城矿区资料显示，区域上岩浆岩的侵入时期为华力西期和燕山早、晚期。

6 煤 层

6.1 含煤性

通柘煤田含煤地层为石炭系上统太原组、二叠系下统山西组和下石盒子组、上统上石盒子组，分为7个含煤组段，其中六、七煤段不含煤，含煤地层总厚593.27 m，含煤27层，煤层总厚8.74 m，含煤系数为1.47%。山西组为主要含煤地层，厚68.88～128.84 m，平均厚92.44 m，发育$二_1^1$、$二_1^2$煤层，为主要可采煤层。$二_1^2$煤层厚0.03～12.4 m、平均厚4.54 m，全区大部可采；$二_1^1$煤层厚0.08～4.16 m，平均厚1.49 m，局部可采，其他煤层均不可采。该区可采煤层厚6.03 m，可采煤层含煤系数为1.02%。通柘煤田煤层发育情况见表6-1。

表6-1 通柘煤田煤层发育情况一览表

| 地层单位 | | | 煤层名称 | 穿过点数 | 见煤点数 | 煤层厚度/m | | 煤层评价 | | |
系	统	组				两极值	平均	可采点数	可采性	夹矸
二叠系（P_1）	下统（P_1）	下石盒子组（P_1x）	$五_4$	39	2	0.22～0.58	0.02	0	不可采	无
			$五_3$	39	1	0.23	0.01	0	不可采	1层
			$五_2$	49	1	0.35	0.01	0	不可采	无
			$五_1$	49	2	0.32～0.54	0.02	0	不可采	无
			$四_2$	73	3	0.2～0.65	0.02	0	不可采	无
			$三_5$	120	3	0.24～0.82	0.01	1	偶可采	无
			$三_4$	124	24	0.25～1.75	0.13	3	偶可采	1~2层
			$三_3$	128	7	0.23～1.18	0.02	2	偶可采	无
			$三_2^2$	128	28	0.25～1.75	0.19	4	偶可采	1层
			$三_2^1$	130	3	0.24～0.64	0.01	0	不可采	无
			$三_1$	130	11	0.32～0.75	0.04	0	不可采	无
		山西组（P_1s）	$二_3$	167	4	0.18～0.78	0.01	0	不可采	无
			$二_2$	167	6	0.28～0.78	0.02	0	不可采	无
			$二_1^4$	167	1	0.3	0.01	0	不可采	无
			$二_1^3$	167	1	0.81	0.01	1	偶可采	无
			$二_1^2$	167	138	0.03～12.4	4.54	130	大部可采	1~2层
			$二_1^1$	167	78	0.08～4.16	1.49	61	局部可采	1~3层

表6-1（续）

地层单位			煤层名称	穿过点数	见煤点数	煤层厚度/m		煤层评价		
系	统	组				两极值	平均	可采点数	可采性	夹矸
石炭系（C$_2$）	上统（C$_2$）	太原组（C$_2t$）	一$_{11}$	101	5	0.2~0.62	0.02	0	不可采	无
			一$_{10}$	77	4	0.2~0.7	0.02	0	不可采	无
			一$_9$	28	1	0.29	0.01	0	不可采	无
			一$_7$	7	5	0.16~0.73	0.25	0	不可采	无
			一$_6$	6	2	0.44~0.55	0.17	0	不可采	无
			一$_5$	6	5	0.24~0.86	0.43	1	偶可采	无
			一$_4$	5	5	0.27~0.72	0.41	0	不可采	无
			一$_2$	5	5	0.26~0.67	0.43	0	不可采	无
			一$_1$	5	5	0.34~0.59	0.44	0	不可采	无

6.2 煤组划分及其特征

通柘煤田自石炭系上统太原组开始，自下而上划分为6个煤组，即太原组一煤组、山西组二煤组与下石盒子组三、四、五、六煤组，上石盒子组因剥蚀而地层保存不全。二煤段含煤性较好，其中二$_1^2$煤层厚度大且全区发育，为本区主要可采煤层。各煤段厚度虽有差异，但一般厚度在85~110 m之间。各煤段特征见表6-2。

表6-2 通柘煤田煤系地层煤段特征一览表

地层单位			煤段	煤段厚度 $\left(\dfrac{最小\sim最大}{平均}\right)$/m	煤层编号	标志层	含煤层数	主要煤层	主要煤层可采性
系	统	组							
二叠系（P$_1$）	下统（P$_1$）	下石盒子组（P$_1x$）	五煤组	$\dfrac{77.15\sim124.73}{103.19}$	五$_4$、五$_3$、五$_2$、五$_1$	五、四煤组分界砂岩	4		
			四煤组	$\dfrac{63.21\sim158.15}{99.61}$	四$_2$	四、三煤组分界砂岩	1		
			三煤组	$\dfrac{76.58\sim136.5}{101.03}$	三$_5$、三$_4$、三$_3$、三$_2$、三$_2^2$、三$_1$	大紫泥岩、砂锅窑砂岩	6	三$_2^2$	偶可采
		山西组（P$_1s$）	二煤组	$\dfrac{68.88\sim128.84}{92.44}$	二$_3$、二$_2$、二$_1^4$、二$_1^3$、二$_1^2$、二$_1^1$	大占砂岩	6	二$_1^2$ 二$_1^1$	大部可采 局部可采
石炭系（C$_2$）	上统（C$_2$）	太原组（C$_2t$）	一煤组	$\dfrac{88.35\sim147.58}{108.54}$	一$_{11}$、一$_{10}$、一$_9$、一$_7$、一$_6$、一$_5$、一$_4$、一$_2$、一$_1$	灰岩	9	一$_5$	偶可采

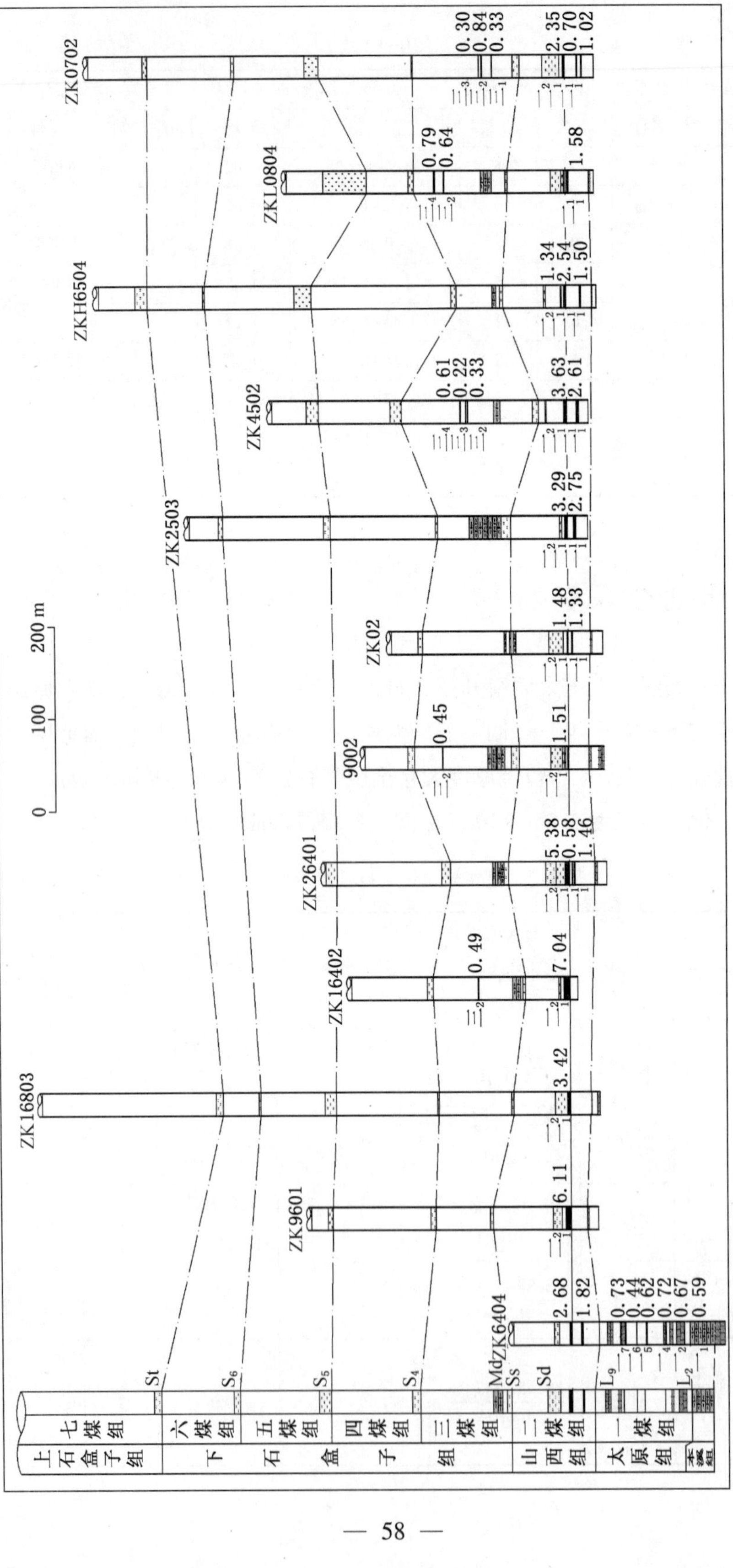

图 6-1　煤岩层对比图

煤岩层组合特征及标志层是煤组、煤岩层对比、划分的主要依据。由煤岩层对比图（图6-1）可以看出：

（1）一煤组岩性由灰岩、砂质泥岩和薄煤组成，旋回结构明显，一般为灰岩—泥岩—煤层—灰岩。下部（L_2）灰岩和上部（L_9）灰岩厚而稳定，含蜓类动物化石和燧石结核，是上下部煤岩层对比的主要标志层。同时，灰岩一般为煤层的直接顶板，更易于煤层对比。

（2）二煤组下部的二$_1^2$煤层为本区主要可采煤层，其顶板或间接顶板为富含白云母片和炭屑的中细粒砂岩，俗称大占砂岩，是对比二$_1^2$煤层的主要标志层。中上部的香炭砂岩和小紫泥岩也较稳定，是对比二$_1^2$煤层的辅助标志层。

（3）三煤组以上各煤组底部均发育一层岩性特征各具特色的厚层砂岩为相邻煤组的分界砂岩，依次为砂锅窑砂岩、四煤组、三煤组分界砂岩，五煤组、四煤组分界砂岩。其中砂锅窑砂岩特征明显，以中、粗粒砂岩为主，局部为细粒砂岩，其成分以石英为主，全区发育，为二$_1^2$煤层的主要标志层。砂锅窑砂岩上为浅灰色铝土泥岩，局部具紫斑，含菱铁质鲕粒，层位稳定，厚约10 m，为本区主要标志层之一。

6.3 可采煤层赋存特征

通柘煤田石炭系、二叠系含煤地层中以山西组二$_1$煤层为主要可采煤层，勘查区内从伯岗乡以东到沙集乡分叉为两层，分别为二$_1^1$、二$_1^2$煤层，其中二$_1^2$煤层厚度大，为大部可采煤层；二$_1^1$煤层厚度虽薄，但在胡襄煤普查区分布较稳定，属局部可采煤层。其他煤层均不可采。现将二$_1^1$煤层和二$_1^2$煤层赋存情况叙述如下，且以二$_1^2$煤层为论述重点。

6.3.1 煤层结构

1. 夹矸

二$_1^2$煤层含夹矸孔37个，含夹矸1~2层，矸石厚度为0.05~0.61 m，夹矸岩性多为炭质泥岩、泥岩。胡襄煤普查区东部有4孔夹矸厚度超过0.80 m，造成二$_1^2$煤层分叉为二$_1^2$下和二$_1^2$上煤层，其中ZKH7504孔、ZKH6504孔夹矸为泥岩，8601孔、1201孔夹矸为岩浆岩。

二$_1^1$煤层含夹矸孔38个，除ZK7004孔含3层夹矸外，其余钻孔均含夹矸1~2层，矸石厚度0.11~0.65 m，夹矸岩性多为炭质泥岩或泥岩。胡襄煤普查区东部有14孔夹矸厚度超过0.8 m，造成二$_1^1$煤层分叉为二$_1^1$下和二$_1^1$上煤层，夹矸为泥岩、砂质泥岩或粉、细粒砂岩。

2. 分叉

二₁煤层在胡襄煤普查区分叉为二₁¹煤层和二₁²煤层，分叉形态呈不规则状，煤层分叉之间的岩性有泥岩、砂质泥岩和细粒砂岩，如图6-2所示。造成煤层分叉的原因是泥炭沼泽发育期间成煤植物补偿不足，泥炭堆积的一度中断。

1—细粒砂岩；2—粉砂岩；3—砂质泥岩；4—泥岩；5—煤层；6—二₁煤层分叉区；7—二₁煤层合并区

图6-2　二₁煤层分叉合并区分布图

6.3.2　煤层顶底板岩性

二₁²煤层直接顶岩性为细粒砂岩，次为泥岩、砂质泥岩，向上碎屑颗粒逐渐变粗，厚度较大，为稳定的顶板，局部地段含有泥岩或砂质泥岩伪顶。胡襄煤普查区东部个别地段有侵入煤层顶板的岩浆岩。二$_1^2$煤层直接底多为稳定的厚层条带状细粒砂岩，部分地段相变为薄层泥岩或砂质泥岩，个别地段含有泥岩或砂质泥岩伪底。胡襄煤普查区东部地段个别钻孔被侵入于煤层底板的岩浆岩替代。

二$_1^1$煤层直接顶以细粒砂岩为主，泥岩和砂质泥岩次之；底板多为泥岩，个别钻孔含有泥岩或炭质泥岩的伪顶和伪底（图6-3）。

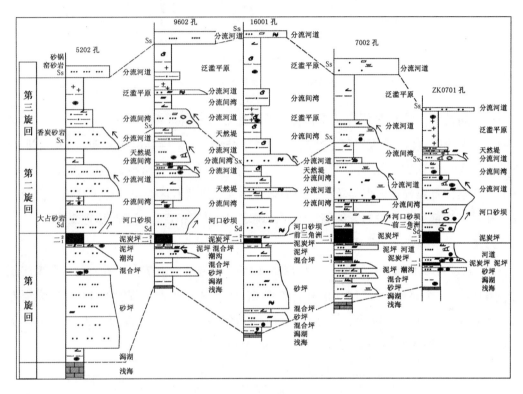

图6-3 通柘煤田山西组沉积旋回柱状对比图

6.3.3 煤层稳定性评价

1. 二$_1^2$煤层稳定性评价

二$_1^2$煤层为本区主要可采煤层，赋存于山西组下部，上距砂锅窑砂岩（Ss）34.34~86.03 m，平均59.16 m。二$_1^2$煤层厚0.03~12.4 m、平均厚4.54 m，全区大部可采。据统计，167个钻孔穿过二$_1^2$煤层层位，其中有138个穿见二$_1^2$煤层，可采见煤点130个；138个正常见煤钻孔中二$_1^2$煤层厚度小于0.8 m的见煤点8个，煤厚0.8~1.30 m的见煤点4个，煤厚1.3~3.5 m的见煤点30个，煤厚3.5~8 m的见煤点89个，煤厚大于8 m的见煤点7个，如图6-4所示。

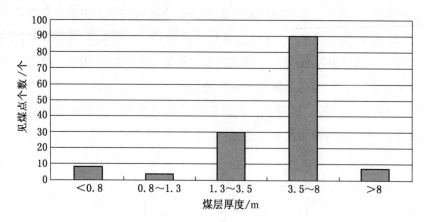

图 6-4 二$_1^2$ 煤层厚度分布图

据资料统计，睢县西部煤普查区二$_1^2$ 煤层稳定性变异系数为 40%，可采性指数为 0.98。胡襄煤普查区二$_1^2$ 煤层稳定性变异系数为 45%，可采性指数为 0.86。138 个见煤钻孔中，含夹矸孔 37 个，含矸点占 26.8%，含夹矸 1~2 层，夹矸岩性多为炭质泥岩、泥岩。睢县西部煤普查区煤类单一，为无烟煤。胡襄煤普查区煤类主要为贫煤，少量焦煤和瘦煤，东部局部地段为天然焦。因此，确定二$_1^2$ 煤层稳定程度属较稳定煤层。

2. 二$_1^1$ 煤层稳定性评价

二$_1^1$ 煤层煤厚 0.08~4.16 m，平均厚 1.49 m。据统计，167 个钻孔穿过二$_1^1$ 煤层层位，其中有 78 个穿见二$_1^1$ 煤层，可采见煤点 61 个。78 个正常见煤钻孔中，二$_1^1$ 煤层厚度小于 0.8 m 的见煤点 17 个，煤厚 0.8~1.3 m 的见煤点 17 个，煤厚 1.3~3.5 m 的见煤点 42 个，煤厚 3.5~8 m 的见煤点 2 个，如图 6-5 所示。

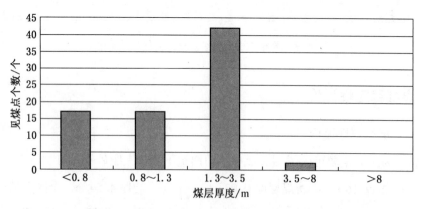

图 6-5 二$_1^1$ 煤层厚度分布图

据资料统计，二$_1^1$ 煤层稳定性统计指标标准差为 0.82，变异系数为 55%，可采性指数为 0.65。78 个见煤钻孔中，含夹矸孔 38 个，含矸点占 48.7%，含夹矸 1~3 层，夹矸岩性多为炭质泥岩、泥岩，二$_1^1$煤层结构简单。睢县西部煤普查区内二$_1^1$煤层仅分布于东部边界，煤类为无烟煤；胡襄煤普查区二$_1^1$煤层分布范围、形态和二$_1^2$煤层基本一致，属大部可采煤层；煤类以贫煤为主，少量焦煤和瘦煤，东部局部地段为天然焦。因此，确定二$_1^1$煤层稳定程度属不稳定煤层。

6.3.4 二$_1^2$煤层的厚度变化原因分析

该区二$_1^2$煤层厚 0.03~12.4 m，平均厚 4.54 m，厚度变化较大；煤层厚度总体变化趋势是西部厚度大，无分叉，从伯岗乡以东到沙集乡的大部分区域二$_1$煤层分叉为两层（二$_1^1$、二$_1^2$），煤层厚度东部比西部薄。影响煤层厚度变化的主要因素是煤的沉积环境，该区的山西组沉积以二$_1^2$煤层为界，下部为障壁岛-潟湖复合体系，以潮坪和潟湖相为主，沉积亚相有泥炭坪、泥坪、潮沟、混合坪、砂坪等，其中以砂坪和混合坪为主，沉积物以细粒石英为主，发育脉状层理和波状层理，砂体分布面积广，厚度稳定，常呈席状砂体。中部以粉砂岩为主，以灰色薄层粉砂岩与灰黑色泥岩、灰白色细粒砂岩频繁互层为特征，具波状、透镜状和脉状层理，常见垂直、倾斜的生物潜穴，含菱铁质结核和同生粉砂质砾石。上部以砂质泥岩、泥岩为主，夹粉砂岩薄条带，常见透镜状层理和波状层理，含植物碎屑化石和水平、缓倾斜的生物潜穴。这一沉积体系为泥炭坪亚相的形成和发展创造了良好的古地理环境，加之温暖湿润的气候条件，古植物大量繁殖，大地构造稳定，植物残骸的堆积速度和沉积基底的沉降速度长期均衡，形成了厚度大、分布稳定的具有重要工业价值的煤层。由于早二叠系华北古地台的海退方向为由西北向东南，位于该区西北的睢县西部煤普查区为近陆端，泥炭沼泽环境长期稳定，受海水的影响小，因此易形成厚度大、分布稳定的煤层。而位于该区东南的胡襄煤普查区为近海端，受海的影响相对较大，煤层厚度相对较小，且分叉成两层，如图6-2和图6-3所示。

自二$_1$煤层顶至砂锅窑砂岩底界，该段地层为充填淡化海湾的一套浅水河流三角洲体系的沉积。该三角洲体系以河流作用为主，并受到潮汐作用的影响，岩性以中、细粒岩屑石英砂岩、长石石英砂岩为主，分选、磨圆中等，常出现逆粒序。发育大型板状、槽状、楔状交错层理和波状层理；局部对已经形成的煤层有冲刷侵蚀现象，使煤层变薄。如 ZK16801 孔煤厚仅为 0.03 m，而相邻 1 km 的两侧（走向）及深部（倾向）煤厚分别为 2.04 m、10.03 m 和 8.65 m。

6.4 煤、岩层对比

6.4.1 对比方法和依据

通柘煤田煤、岩层对比采用的方法有标志层对比法、层间距对比法、煤岩层组合特征对比法、物性特征对比法、地震反射波对比法和煤质特征对比法，利用地质、物探相配合手段进行了煤组划分和煤、岩层综合对比。

6.4.1.1 标志层对比

主要标志层有 L_9 灰岩、大占砂岩、砂锅窑砂岩，辅助标志层有香炭砂岩、小紫泥岩、大紫泥岩。$二_1^2$ 煤层赋存于山西组下部，厚度较大，全区大部可采，其本身就是一个良好的标志层。各标志层特征明显，层位稳定，易于对比，详见表6-3。

表6-3　主要标志层岩性特征一览表

地层单位	标志层名称	标志层代号	厚度 $\left(\dfrac{最小～最大}{平均}\right)$/m	岩　性　特　征	对比意义
下石盒子组	大紫泥岩	Md	$\dfrac{0.98～37.18}{10.86}$	灰白色铝土泥岩，含暗斑，局部具紫斑，含菱铁质中～粗鲕粒	下石盒子组和山西组的分界标志层
	砂锅窑砂岩	Ss	$\dfrac{1.04～18.97}{6.05}$	浅灰色厚层状粗～中粒砂岩，含黑色炭屑，硅泥质胶结	下石盒子组和山西组的分界标志层
山西组	小紫泥岩	Mx	$\dfrac{1.20～20.33}{8.57}$	灰色泥岩，含铝土质和暗斑，局部为紫花色，含菱铁质细～中鲕粒	确定$二_1^2$煤层辅助标志层
	大占砂岩	Sd	$\dfrac{3.19～39.13}{13.92}$	灰～深灰色中细粒砂岩，层面富含白云母片及炭屑	确定$二_1^2$煤层主要标志层
太原组	L_9 灰岩	L_9	$\dfrac{0.70～11.40}{4.55}$	灰～深灰色厚层状石灰岩，富含海相动物化石	太原组主要标志层

6.4.1.2 层间距对比

各煤层、标志层层间距较稳定，因此利用主要煤层、标志层层间距能有效地进行煤、岩层对比，主要煤层、标志层层间距详见表6-4。

表6-4　主要煤层、标志层层间距一览表

标志层	$二_1^2$ 煤层及主要标志层层间距/m					
	L_9	$二_1^2$	Sd	Mx	Ss	Md
Md	105.60	69.11	55.50	11.13	3.54	10.86
Ss	95.57	59.16	45.58	1.70	6.05	
Mx	87.43	49.28	37.10	8.57		
Sd	36.86	2.88	13.92			
$二_1^2$	30.43	4.54				
L_9	4.55					

6.4.1.3 煤、岩层组合特征对比

通柘煤田含煤地层煤、岩层组合特征明显，为煤组划分和煤层对比提供了依据。

1. 太原组

太原组为一套海陆交互相沉积组合，含多层石灰岩和薄煤层，煤层赋存于各灰岩之下，石灰岩多为煤层顶板，沉积旋回明显。煤、岩层组合具有明显的三段特征，上段下部为泥岩加薄煤层，具水平纹理层理，富含黄铁矿结核，中上部为灰色厚层状石灰岩，富含动物化石。中段主要由泥岩、砂质泥岩、粉砂岩、薄层石灰岩及薄煤层组成，煤层均不可采，灰岩中含大量动物化石，泥岩多具鲕状结构。下段以石灰岩为主，夹薄层泥岩及煤层，灰岩中含蜓类等动物化石。太原组与其他含煤地层区别较大，易于对比。

2. 山西组

山西组为一套砂岩、砂质泥岩、泥岩和煤层的沉积组合，具较明显的四段特征，底部为具波状层理和交错层理的砂岩，其上为层位稳定、大部可采的二$_1^2$煤层，二$_1^2$煤层之上为富含炭质和云母片的大占砂岩（Sd）与泥岩、砂质泥岩及薄煤层组合，大占砂岩厚度大，特征明显，易于辨别。上部为1~2层含炭屑和云母片的香炭砂岩（Sx）与泥岩、砂质泥岩组合，组合特征明显。顶部为含铝质和菱铁质鲕粒的灰色泥岩（Mx）、深灰色砂质泥岩等，有别于其他煤组。

3. 下石盒子组

下石盒子组为泥岩、铝质泥岩、砂岩和薄煤层的沉积组合，岩性组合特征较明显，分为三、四、五、六4个煤段，每个煤段底部皆有一层灰~灰白色中~粗粒砂岩，中部多为深灰色泥岩、炭质泥岩、铝质泥岩和浅灰色泥岩，含三煤、四煤和五煤，三煤偶见可采点，四煤、五煤均不可采。

6.4.1.4 主要标志层物性特征对比

通柘煤田煤、岩层物性差异明显，不同煤、岩层的视电阻率、自然伽玛和伽玛-伽玛等物性参数和测井曲线组合形态均不同，是煤、岩层对比的重要依据之一。

1. 砂锅窑砂岩物性特征

砂锅窑砂岩以中~高阻、中密度（人工伽玛幅值中等）、低自然伽玛为特征。由于岩性的不均一性，视电阻率、自然伽玛曲线常有大小不等的起伏反映，如图6-6所示。

2. 大占砂岩物性特征

大占砂岩以中~高阻、中密度（人工伽玛幅值中等）、中~低自然伽玛为特征。视电阻率曲线幅值常低于二$_1^2$煤层，由于岩性的不均一性，视电阻率曲线常有大小不等起伏反映，如图6-7所示。

3. 二$_1^2$煤层物性特征

二$_1^2$煤层以高阻、密度最低、低自然伽玛为特征。人工伽玛值为孔内最高值是其最明显的特征，如图6-7所示。

大占砂岩和二$_1^2$煤层之间常常夹一层泥岩，其曲线的组合特征为：自然伽玛两低夹

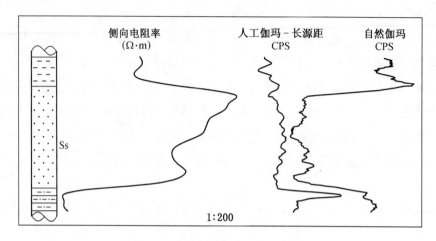

图 6-6　砂锅窑砂岩测井曲线特征图

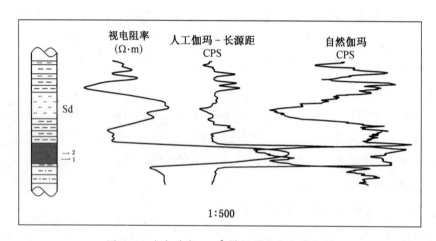

图 6-7　大占砂岩、二$_1^2$煤层测井曲线特征图

一高，视电阻率曲线为中~低~高。

4. L_9 灰岩物性特征

L_9 灰岩以特高阻、高密度（人工伽玛幅值最低）、较低自然伽玛为特征。视电阻率一般为孔内最高值，如图 6-8 所示。

6.4.1.5　地震反射波对比

该区地震反射波有 T_0、T_2 波，特征明显，可进行煤层对比，如图 6-9 所示。

1. T_0 波

T_0 波是新生界底界面形成的反射波。T_0 波反射能量时强时弱，很不稳定。根据 T_0 波与下伏反射波的角度不整合关系，能够进行连续对比追踪。

2. T_2 波

T_2 波是二$_1^2$煤层形成的反射波。二$_1^2$煤层形成的反射波能量强，一般有两个强相位

— 66 —

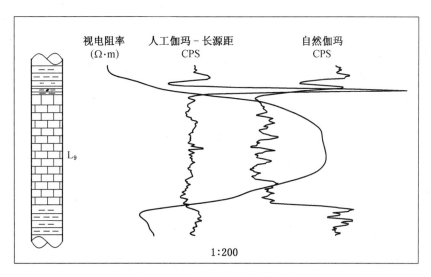

图 6-8　L_9 灰岩测井曲线特征图

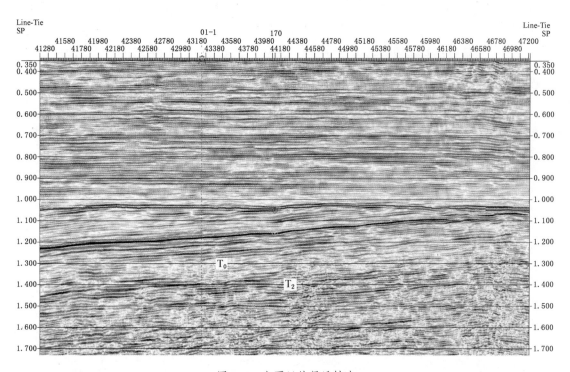

图 6-9　主要目的层反射波

组成，同相轴光滑连续，信噪比高，易于全区连续对比追踪。

6.4.1.6　煤质特征对比

据资料统计，通柘煤田煤类较多，分布规律明显，其规律为自东向西煤的变质程度逐渐升高。

通柘煤田的二$_1^2$煤层均为低灰、低~特低硫、特低~低磷、特低氯、高~特高热值、较高软化温度灰煤。二$_1^1$煤层为中灰、高热值、较高软化流动温度灰煤。

6.4.2 对比成果评价

1. 煤组对比

煤层主要集中在太原组和山西组，各煤组独特的标志层、煤岩层组合、煤质特征、物性特征差异等明显，能够很好地识别对比，山西组、太原组对比可靠，其他煤组段对比可靠。

2. 可采煤层对比

（1）二$_1^2$煤层为全区大部可采的厚煤层，其上、下标志层明显，加之山西组下部的煤岩层组合、测井曲线组合，综合评定煤层对比可靠。

（2）二$_1^1$煤层为全区局部可采的中厚煤层，其中胡襄煤普查区二$_1^1$煤层分布范围、形态和二$_1^2$煤层基本一致，属大部可采煤层，其上、下标志层明显，综合评定煤层对比可靠。

（3）其他煤层对比较可靠。

7 煤　　质

通柘煤田以睢县西部煤普查区和胡襄煤普查区边界为界，划分为两个煤类单元。睢县西部煤普查区二$_1^1$、二$_1^2$煤层煤类均为无烟煤，仅在其东南部边界存在极少量贫煤点；胡襄煤普查区二$_1^1$、二$_1^2$煤层以贫煤为主，东北部边缘则兼有少量瘦煤、焦煤及天然焦。

7.1　煤的物理性质和煤岩特征

7.1.1　煤的物理性质

通柘煤田划分的两个煤类单元中煤的物理性质有一定差别，因此将煤的物理性质按划分的两个煤类单元分别叙述。

1. 睢县西部煤普查区

睢县西部煤普查区二$_1^1$、二$_1^2$煤层以粉状为主，其次为碎粒状，偶见鳞片状，局部为块状。其中粉状、碎粒状、鳞片状的煤层颜色呈灰黑色~黑色。块状的煤层其颜色为黑色，具条带状结构、金属~强玻璃光泽、呈棱角状、参差状断口，外生裂隙发育。

宏观煤岩类型以亮煤为主，夹少量薄层镜煤和暗煤条带，可见透镜状丝炭。镜煤呈金刚光泽，煤岩类型为半亮型。

二$_1^1$煤层的视密度为1.44 t/m³，二$_1^2$煤层的视密度为1.44 t/m³。

2. 胡襄煤普查区

胡襄煤普查区二$_1^1$、二$_1^2$煤层以块状为主，粒状、粉状次之，鳞片状仅在个别钻孔煤芯中见到。

二$_1^2$煤层为黑色，条痕色多为黑色，少数为灰黑色。玻璃光泽，偶见似金属光泽，一般呈条带状结构。性脆易碎，受力后断口常为参差状、阶梯状等，偶见贝壳状和眼球状。

二$_1^1$煤层呈黑色，条痕以黑色为主，其次为灰黑色、褐黑色。性脆易碎，硬度相对较大。玻璃光泽为主，个别为似金属光泽。条带状结构为主，次为粉粒状，裂隙中常见黄铁矿薄膜。

胡襄煤普查区二$_1^2$、二$_1^1$煤层局部受岩浆岩烘烤变质为天然焦。天然焦呈黑色~钢灰色，黑色条痕，块状构造，致密坚硬，暗淡无光泽，棱角状断口，外生裂隙发育。

二$_1^2$煤层贫煤的视密度为 1.37 t/m³，瘦煤的视密度为 1.39 t/m³，焦煤的视密度为 1.37 t/m³，天然焦的视密度为 1.83 t/m³。

二$_1^1$煤层贫煤的视密度为 1.45 t/m³，焦煤的视密度为 1.45 t/m³，天然焦的视密度为 1.90 t/m³。

7.1.2 煤岩特征

通柘煤田划分的两个煤类单元中煤的煤岩特征有一定差别，因此将煤的煤岩特征按两个普查单元分开叙述。

7.1.2.1 睢县西部煤普查区

镜质组以均质镜质体为主，基质镜质体次之，含少量碎屑镜质体。惰质组以碎屑惰质体为主，丝质体次之，含少量微粒体、粗粒体。无机组分中黏土矿物以分散状为主、块状次之，有少量充填胞腔；黄铁矿以分散粒状为主，大小不一，分布不均，有少量充填裂隙；方解石以裂隙充填为主，胞腔充填次之，石英呈粒状，大小不一，分布不均。显微煤岩组分鉴定见表7-1。

表7-1 睢县西部煤普查区显微煤岩鉴定结果表

煤岩鉴定结果		二$_1^2$煤层	二$_1^1$煤层
有机组分 $\left(\frac{最小\sim最大}{平均}\right)/\%$	镜质组	$\frac{52.9\sim88.5}{71(18)}$	$\frac{58.2\sim88.8}{72.4(6)}$
	惰质组	$\frac{3.2\sim39.4}{18.5(18)}$	$\frac{3.1\sim20.3}{14.8(6)}$
	有机组分总量	$\frac{74.1\sim95.8}{88.8(18)}$	$\frac{72.7\sim93.1}{87.3(6)}$
无机组分 $\left(\frac{最小\sim最大}{平均}\right)/\%$	黏土类	$\frac{1.4\sim18.4}{6.9(18)}$	$\frac{2.3\sim20.8}{9.1(6)}$
	碳酸盐类	$\frac{0.5\sim4.6}{2(12)}$	$\frac{0.4\sim1.2}{0.9(4)}$
	硫化物类	$\frac{0.2\sim3.1}{0.9(15)}$	$\frac{0.2\sim4.7}{1.4(6)}$
	氧化物类	$\frac{0.3\sim4.2}{2.1(17)}$	$\frac{0.3\sim4}{2.1(5)}$
	无机组分总量	$\frac{4.2\sim25.9}{11.2(18)}$	$\frac{6.9\sim27.3}{12.7(6)}$
镜质组最大反射率 $R_{o,max}\left(\frac{最小\sim最大}{平均}\right)/\%$		$\frac{2.19\sim3.62}{2.63(18)}$	$\frac{2.36\sim2.71}{2.53(6)}$

注：括号内数字为点数。

7.1.2.2 胡襄煤普查区

1. 二$_1^2$煤层

1）宏观煤岩类型

宏观煤岩类型以光亮型为主，半亮型次之。

2）宏观煤岩成分

中上部以亮煤为主，暗煤、丝炭次之，多呈薄片状或透镜状；下部暗煤较多，较致密、坚硬；镜煤呈线理、透镜状分布于其他煤岩成分之中。

3）显微煤岩组分

有机组分主要由镜质组和惰质组组成，其中镜质组占 35.5% ~ 76%，以基质镜质体为主，其次为均质镜质体、结构镜质体，少数为碎屑镜质体、团块镜质体。惰质组占 15.7% ~ 49.1%，以碎屑惰质体为主，粗粒体、微粒体、丝质体、半丝质体（多呈破碎状）次之，少见菌类体、氧化树脂体。少数样品见半镜质组，占 0.5% ~ 1.2%，主要为结构半镜质体、团块半镜质体或基质半镜质体。仅 2 个样品镜下见壳质组，含量0.2% ~ 0.3%。无机组分占 3.5% ~ 15.6%，以黏土矿物为主，呈粒状、团块状、浸染状，充填状，偶见条带状。少数碳酸盐矿物多呈片状、脉状，次为充填状；可见少量黄铁矿，多呈粒状；氧化物类以石英为主。

镜质组最大反射率 $R_{o,max}$ 为 1.35% ~ 2.09%，平均为 1.87%，详见表 7-2。

表 7-2 胡襄煤普查区显微煤岩鉴定结果表

煤岩鉴定结果		二$_1^2$煤层		二$_1^1$煤层
		煤	天然焦	煤
有机组分 $\left(\dfrac{最小~最大}{平均}\right)/\%$	镜质组	$\dfrac{35.5~76}{57.4(23)}$	0(2)	$\dfrac{36.1~71.9}{59(11)}$
	半镜质组	$\dfrac{0.5~1.2}{0.8(5)}$		0.6(2)
	惰质组	$\dfrac{15.7~49.1}{31.8(23)}$	0(2)	$\dfrac{14.9~55}{29.9(11)}$
	壳质组	$\dfrac{0.2~0.3}{0.3(2)}$		
	有机组分总量	$\dfrac{84.4~96.5}{89.4(23)}$	$\dfrac{90.5~94.2}{92.4(2)}$	$\dfrac{81.6~98.5}{89.1(11)}$
无机组分 $\left(\dfrac{最小~最大}{平均}\right)/\%$	黏土类	$\dfrac{2.4~14.5}{8.2(23)}$	$\dfrac{4.6~5.5}{5.1(2)}$	$\dfrac{0.5~11.3}{7(11)}$
	碳酸盐类	$\dfrac{0.3~4.6}{1.2(15)}$	$\dfrac{0.2~0.7}{0.5(2)}$	$\dfrac{0.4~0.8}{0.5(5)}$

表 7-2（续）

煤岩鉴定结果		二$_1^2$ 煤层		二$_1^1$ 煤层
		煤	天然焦	煤
无机组分 $\left(\dfrac{最小\sim最大}{平均}\right)\Big/\%$	硫化物类	$\dfrac{0.2\sim0.9}{0.5(10)}$	$2.2(1)$	$\dfrac{0.5\sim7.6}{2.7(10)}$
	氧化物类	$\dfrac{0.2\sim7.3}{1.9(16)}$	$\dfrac{1\sim1.1}{1.1(2)}$	$\dfrac{0.4\sim5}{1.7(8)}$
镜质组最大反射率 $R_{o,max}\left(\dfrac{最小\sim最大}{平均}\right)\Big/\%$		$\dfrac{1.35\sim2.09}{1.87(23)}$	$\dfrac{5.33\sim6.13}{3.78(13)}$	$\dfrac{1.44\sim2.67}{1.97(11)}$

2. 二$_1^1$ 煤层

1）煤岩类型

二$_1^1$ 煤层煤岩类型以半亮~半暗型为主。

2）宏观煤岩组分

亮煤、暗煤参半，少数煤心以亮煤为主。暗煤呈不规则薄层状、片状分布，致密坚硬。丝炭多呈片状。镜煤较少，多以断续线理状赋存在其他煤岩组分之中。

3）显微煤岩组分

有机组分主要由镜质组和惰质组组成，其中镜质组占 36.1%~71.9%，以基质镜质体为主，其次为结构镜质体、均质镜质体，少数为碎屑镜质体、团块镜质体。惰质组占 14.9%~55%，以丝质体、半丝质体（多呈破碎状、碎片状）、碎屑惰质体居多，粗粒体、微粒体次之，少见菌类体、氧化树脂体。仅个别样品见有半镜质组，约 0.6%，主要为结构半镜质体、团块半镜质体。无机组分以黏土矿物为主，占 1.5%~18.4%，多见细粒状、团块状、浸染状分布，少数充填状，偶见条带状。少数片状碳酸盐矿物充填于有机质空腔或裂隙中，硫化物类的黄铁矿多呈粒状、充填状。氧化物类可见石英，多呈碎屑状、棱角状、粒状。

镜质组最大反射率 $R_{o,max}$ 为 1.44%~2.67%，平均为 1.97%，详见表 7-2。

3. 天然焦

煤岩特征参考杜集西子区 ZK2001 孔二$_1^2$ 煤层样品煤岩鉴定结果。呈花纹状，具鳞片状消光，气孔较发育。有机组分为天然半焦，占 90.5%~94.2%，无机组分含量为 5.8%~9.5%，以黏土类为主，其次为碳酸盐类、氧化物类，硫化物含量最低。最大反射率为 5.33%~6.13%，详见表 7-2。

7.2 煤化学特征

7.2.1 煤的煤化程度

煤的镜质组反射率 $R_{o,max}$（%）是煤的镜质组在绿色光中的反射光强相对于垂直入射光强的百分比。煤的镜质组反射率是表征煤化度的重要指标。随着煤化程度的增高，煤的反射率不断增强。

睢县西部煤普查区二$_1^1$、二$_1^2$煤层镜质组最大反射率 $R_{o,max}$（%）普遍高于东部的胡襄煤普查区，说明通柘煤田的煤化程度有从东向西逐渐升高的趋势（表7-3）。

表7-3 二$_1^2$煤层镜质组最大反射率 $R_{o,max}$（%）变化趋势示意表

孔号	样品编号	$R_{o,max}$/%	煤类	位置
ZK7004	M1	1.39	JM	通柘煤田东北部
ZK3003	M1	2.03	PM	通柘煤田东部
7001	二$_1^2$全	2.59	WY3	通柘煤田中部
14803	加权平均	3.04	WY3	通柘煤田西部

7.2.2 煤类划分和分布

据勘查资料，依据煤炭分类国家标准（GB/T 5751—2009），以浮煤干燥无灰基挥发分（V_{daf}）、黏结指数（$G_{R.I.}$）为主要指标，浮煤干燥无灰基氢元素（H_{daf}）、镜质组反射率 $R_{o,max}$（%）、胶质层指数（Y）、奥阿膨胀度（b）为辅助指标确定了煤类（表7-4）。

表7-4 二$_1^2$、二$_1^1$煤层煤类确定结果表

煤层编号	浮煤干燥无灰基挥发分 V_{daf}/%	黏结指数 $G_{R.I.}$	浮煤干燥无灰基氢元素 H_{daf}	镜质组反射率 $R_{o,max}$/%	胶质层指数 Y/mm	奥阿膨胀度 b/%	煤类
二$_1^2$	$\dfrac{5.10\sim9.90}{8.32(84)}$	$\dfrac{0\sim0}{0(72)}$	$\dfrac{3.12\sim4.04}{3.65(77)}$	$\dfrac{2.19\sim3.62}{2.63(18)}$			WY3
	$\dfrac{11.41\sim14.66}{13.15(20)}$	$\dfrac{0\sim5}{1(16)}$			0(15)	无/未膨胀(10)	PM
	$\dfrac{14.65\sim16.72}{15.92(7)}$	$\dfrac{26\sim65}{47(6)}$			$\dfrac{3.5\sim9.3}{5.7(6)}$	-2(1)	SM
	$\dfrac{17.38\sim21.95}{20.33(9)}$	$\dfrac{90\sim96}{95(8)}$			$\dfrac{4.9\sim22.5}{17.9(7)}$	$\dfrac{21\sim52}{32(4)}$	JM

表 7-4（续）

煤层编号	浮煤干燥无灰基挥发分 V_{daf}/%	黏结指数 $G_{R.I.}$	浮煤干燥无灰基氢元素 H_{daf}	镜质组反射率 $R_{o,max}$/%	胶质层指数 Y/mm	奥阿膨胀度 b/%	煤类
二$_1^1$	$\dfrac{7.18\sim9.45}{9.31(10)}$	$\dfrac{0\sim0}{0(7)}$	$\dfrac{3.78\sim4.01}{3.92(8)}$	$\dfrac{2.36\sim2.71}{2.53(6)}$			WY3
	$\dfrac{10.14\sim17.4}{13.00(25)}$	$\dfrac{0\sim5}{0(19)}$			0(13)	无/不膨胀 （9）	PM
	$\dfrac{13.2\sim22.73}{18.81(10)}$	$\dfrac{69\sim92}{82(6)}$			$\dfrac{10.0\sim20.5}{15.7(5)}$	$\dfrac{3\sim28}{17(4)}$	JM

注：表格中 WY3 代表无烟煤三号，PM 代表贫煤，SM 代表瘦煤，JM 代表焦煤。

通过分析研究，通柘煤田煤类较多，分布规律明显，其规律即自东向西煤的变质程度逐渐升高。

二$_1^2$ 煤层煤类的分布规律为：东北部边缘存在焦煤和瘦煤，东部大部分地段以变质程度较高的贫煤为主，西部、西北部以变质程度更高的无烟煤为主，如图 7-1 所示。煤田东部和中部分布的二$_1^1$ 煤层除缺少瘦煤之外，其煤类分布规律与二$_1^2$ 煤层一致，如图 7-2 所示。

通柘煤田自东向西煤变质程度逐渐升高与其煤化程度整体上自东向西逐渐升高的大趋势相符。

另外，在通柘煤田东部边缘受岩浆岩影响，部分地段存在天然焦。

7.2.3　煤的化学性质

通柘煤田各煤层各煤类的工业分析测试结果见表 7-5。

7.2.3.1　水分（M_{ad}）

测试数据表明，通柘煤田二$_1^2$、二$_1^1$ 煤层各煤类原煤水分含量为 0.23%～2.06%，天然焦水分含量为 0.88%～2.48%，浮煤的水分与原煤相比大多略有下降。

通柘煤田各煤类的水分含量变化有着明显的规律，焦煤水分含量最低，瘦煤、贫煤稍高，无烟煤水分含量最高。究其原因，这可能与煤的孔隙度随煤化程度增高而逐渐增大的变化是一致的。

7.2.3.2　灰分（A_d）

灰分指煤中矿物质在一定温度下产生一系列分解、化合等复杂反应之后所剩的残留物。灰分主要指煤的内在灰分，即成煤的原始植物本身所含的无机物

通柘煤田二$_1^2$ 煤层中无烟煤的原煤灰分为 9.55%～26.50%，平均为 16.34%，钻孔煤样原煤灰分大于 20% 者仅为 9 个点，占 10.7%，且分布零散，故仍可认为是低灰煤。

1—普查区边界；2—概查区边界；3—煤层露头线；4—煤层底板等高线；5—背斜；6—向斜；

7—正断层；8—无煤带边界；9—无烟煤三号；10—贫煤；11—瘦煤；12—焦煤；13—天然焦

图 7-1　通柏煤田二$_1^2$煤层煤类分布图

贫煤的原煤灰分为 8.08% ~ 26.04%，平均为 12.90%。瘦煤的原煤灰分为 10.11% ~ 16.09%，平均为 13.19%。焦煤原煤灰分为 11.49% ~ 21.6%，平均为 14.60%。天然焦灰分为 14.8% ~ 30.71%，平均为 23.71%。依据 GB/T 15224.1—2010 标准分级，二$_1^2$煤层各类煤以低灰煤为主。

通柏煤田二$_1^1$煤层中无烟煤的原煤灰分为 11.09% ~ 39.84%，平均为 18.05%。二$_1^1$煤层中贫煤的原煤灰分为 9.39% ~ 29.14%，平均为 18.35%。焦煤的原煤灰分为 14.09% ~ 32.09%，平均为 20.24%。依据 GB/T 15224.1—2010 标准分级，二$_1^1$煤层各类煤以中灰煤为主。通过分析对比研究，通柏煤田煤的灰分分布有如下特征：

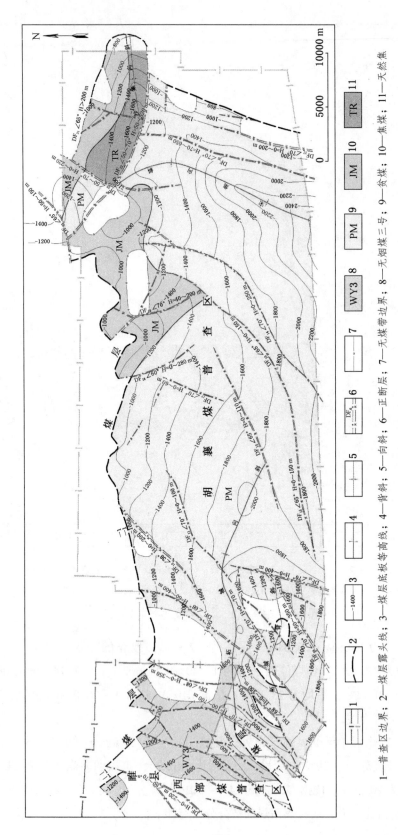

图7-2 通柘煤田二¹₁煤层煤类分布图

1—普查区边界；2—煤层露头线；3—煤层底板等高线；4—背斜；5—向斜；6—正断层；7—无煤带边界；8—无烟煤三号；9—贫煤；10—焦煤；11—天然焦

（1）二$_1^2$煤层的灰分总体上低于二$_1^1$煤层的灰分。

（2）二$_1^2$煤层的钻孔煤样灰分含量绝大部分属于低灰煤，二$_1^1$煤层绝大部分属于中灰煤，两层煤的特低灰煤和高灰煤都是零星分布。这说明通柘煤田的煤层是以低灰煤、中灰煤为主，特低灰煤和高灰煤只是局部分布。

表 7-5　通柘煤田煤的工业分析化验结果统计表

煤层编号	煤类	原煤/%			浮煤/%			质量分级（按灰分）
		水分 M_{ad}	灰分 A_d	挥发分 V_{daf}	水分 M_{ad}	灰分 A_d	挥发分 V_{daf}	
二$_1^2$	WY3	$\dfrac{0.23\sim1.84}{0.92(84)}$	$\dfrac{9.55\sim26.5}{16.34(84)}$	$\dfrac{6.57\sim15.87}{9.61(84)}$	$\dfrac{0.34\sim2.76}{0.93(84)}$	$\dfrac{1.27\sim16.75}{5.45(84)}$	$\dfrac{5.10\sim9.9}{8.32(84)}$	低灰煤
	PM	$\dfrac{0.38\sim1.48}{0.77(21)}$	$\dfrac{8.08\sim26.04}{12.9(21)}$	$\dfrac{12.92\sim17.56}{14.52(21)}$	$\dfrac{0.35\sim1.38}{0.78(20)}$	$\dfrac{4.76\sim10.77}{7.38(20)}$	$\dfrac{11.41\sim14.66}{13.15(20)}$	低灰煤
	SM	$\dfrac{0.55\sim0.95}{0.72(7)}$	$\dfrac{10.11\sim16.09}{13.19(7)}$	$\dfrac{15.82\sim18.45}{17.28(7)}$	$\dfrac{0.36\sim1.02}{0.59(7)}$	$\dfrac{5.17\sim9.53}{8.17(7)}$	$\dfrac{14.65\sim16.72}{15.92(7)}$	低灰煤
	JM	$\dfrac{0.26\sim1.06}{0.57(9)}$	$\dfrac{11.49\sim21.60}{14.60(9)}$	$\dfrac{19.95\sim22.73}{21.79(9)}$	$\dfrac{0.20\sim0.89}{0.48(9)}$	$\dfrac{7.28\sim11.03}{9.64(9)}$	$\dfrac{17.38\sim21.95}{20.33(9)}$	低灰煤
	TR	$\dfrac{0.88\sim2.17}{1.65(5)}$	$\dfrac{14.8\sim30.71}{23.71(5)}$	$\dfrac{3.93\sim11.23}{6.52(5)}$				中灰
二$_1^1$	WY3	$\dfrac{0.58\sim1.31}{0.89(11)}$	$\dfrac{11.09\sim39.84}{18.05(11)}$	$\dfrac{9.72\sim14.78}{11.50(11)}$	$\dfrac{0.32\sim1.51}{0.83(10)}$	$\dfrac{4.14\sim7}{5.33(10)}$	$\dfrac{7.18\sim9.45}{9.31(10)}$	中灰煤
	PM	$\dfrac{0.28\sim2.06}{0.88(26)}$	$\dfrac{9.39\sim29.14}{18.35(26)}$	$\dfrac{11.42\sim19.9}{14.67(26)}$	$\dfrac{0.42\sim1.24}{0.77(25)}$	$\dfrac{4.40\sim20.01}{8.43(25)}$	$\dfrac{10.14\sim17.4}{13.00(25)}$	中灰煤
	JM	$\dfrac{0.42\sim0.83}{0.63(9)}$	$\dfrac{14.09\sim32.09}{20.24(10)}$	$\dfrac{15.11\sim24.97}{19.89(10)}$	$\dfrac{0.31\sim1.06}{0.64(9)}$	$\dfrac{6.19\sim18.74}{11.40(10)}$	$\dfrac{13.20\sim22.73}{18.81(10)}$	中灰煤
	TR	$\dfrac{0.78\sim2.48}{1.63(1)}$	$\dfrac{38.19\sim39.5}{38.85(2)}$	$\dfrac{10.80\sim15.44}{13.12(2)}$				高灰

注：TR 代表天然焦。

7.2.3.3　挥发分（V_{daf}）

挥发分（V_{daf}）是煤中有机质热解的产物。挥发分与煤化程度密切相关，随着变质程度的加深，煤的挥发分逐渐降低。

通柘煤田各煤层浮煤挥发分含量在 5.1%～22.73%之间。

7.2.3.4　煤的元素组成

煤的元素组成主要指煤中有机质的元素组成。

通柘煤田各煤层中各煤类的原煤元素、浮煤元素分析结果见表 7-6 和表 7-7。各煤层各煤类的元素组成均以碳元素为主，其平均含量均大于 85%，此外还含少量氧（硫+氧）元素、氢元素和氮元素。经洗选后，各煤层各煤类的碳、氮含量略有增大，氧（硫+氧）含量略降。

表 7-6 睢县西部煤普查区二²₁、二¹₁ 煤层元素分析结果

煤层编号	煤类	原煤元素分析/%				浮煤元素分析/%			
		碳	氢	氮	氧+硫	碳	氢	氮	氧+硫
二²₁	WY3	$\dfrac{83.86\sim95.03}{90.24(43)}$	$\dfrac{3.12\sim4.04}{3.65(77)}$	$\dfrac{1.07\sim1.58}{1.34(43)}$	$\dfrac{0.37\sim7.62}{3.57(43)}$	$\dfrac{83.77\sim94.11}{91.50(33)}$	$\dfrac{3.03\sim4.02}{3.70(38)}$	$\dfrac{1.03\sim1.88}{1.37(33)}$	$\dfrac{1.11\sim6.07}{2.69(33)}$
二¹₁	WY3	$\dfrac{86.33\sim92.62}{90.35(8)}$	$\dfrac{3.78\sim4.01}{3.92(8)}$	$\dfrac{1.27\sim1.96}{1.50(8)}$	$\dfrac{0.57\sim4.23}{2.37(8)}$	$\dfrac{91.02\sim92.65}{91.97(8)}$	$\dfrac{3.63\sim4.04}{3.86(8)}$	$\dfrac{1.25\sim2.06}{1.51(8)}$	$\dfrac{1.52\sim3.04}{2.13(8)}$

表 7-7 胡襄煤普查区二²₁、二¹₁ 煤层元素分析结果

煤层编号	煤类	原煤元素分析/%				浮煤元素分析/%			
		氧	碳	氢	氮	氧	碳	氢	氮
二²₁	PM	$\dfrac{2.02\sim5.80}{3.26(19)}$	$\dfrac{87.16\sim91.72}{85.9(19)}$	$\dfrac{3.87\sim4.73}{3.95(20)}$	$\dfrac{1.31\sim1.63}{1.41(19)}$	$\dfrac{1.56\sim4.51}{2.62(18)}$	$\dfrac{89.75\sim92.05}{86.39(18)}$	$\dfrac{3.46\sim4.71}{3.94(18)}$	$\dfrac{1.36\sim1.63}{1.44(18)}$
	SM	$\dfrac{1.63\sim4.17}{3.33(5)}$	$\dfrac{89.13\sim91.84}{90.17(5)}$	$\dfrac{4.16\sim4.69}{4.49(6)}$	$\dfrac{1.42\sim1.62}{1.54(5)}$	$\dfrac{2.19\sim4.08}{2.92(6)}$	$\dfrac{89.47\sim91.54}{90.69(7)}$	$\dfrac{4.22\sim4.68}{4.46(7)}$	$\dfrac{1.34\sim1.69}{1.56(7)}$
	JM	$\dfrac{3.24\sim6.84}{5.26(9)}$	$\dfrac{86.21\sim89.87}{88.29(9)}$	$\dfrac{3.95\sim5.24}{4.61(9)}$	$\dfrac{1.33\sim1.74}{1.49(9)}$	$\dfrac{2.74\sim9.19}{4.25(9)}$	$\dfrac{83.62\sim91.39}{89.18(9)}$	$\dfrac{4\sim5.16}{4.61(9)}$	$\dfrac{1.37\sim1.77}{1.53(9)}$
	TR	$\dfrac{3.66\sim5.06}{4.36(2)}$	$\dfrac{91.37\sim94.03}{93(2)}$	$\dfrac{1\sim1.31}{1.16(4)}$	$\dfrac{1\sim1.17}{1.09(2)}$				
二¹₁	PM	$\dfrac{0.67\sim6.98}{3.41(25)}$	$\dfrac{84.69\sim91.79}{88.72(25)}$	$\dfrac{2.95\sim4.75}{4.06(26)}$	$\dfrac{1.14\sim1.64}{1.37(25)}$	$\dfrac{1.58\sim5.26}{2.93(23)}$	$\dfrac{88.15\sim92.3}{90.40(23)}$	$\dfrac{3.35\sim4.61}{4.09(23)}$	$\dfrac{1.2\sim1.64}{1.43(23)}$
	JM	$\dfrac{2.26\sim8.94}{4.61(9)}$	$\dfrac{73.44\sim89}{85.35(9)}$	$\dfrac{2.88\sim5.15}{4.42(10)}$	$\dfrac{1.1\sim1.59}{1.4(9)}$	$\dfrac{1.78\sim7.1}{4.47(8)}$	$\dfrac{78.95\sim89.61}{86.68(8)}$	$\dfrac{3.27\sim6.07}{4.54(8)}$	$\dfrac{1.16\sim1.66}{1.45(8)}$
	TR	$\dfrac{1.81\sim7.66}{4.74(2)}$	$\dfrac{84.95\sim89.93}{87.44(2)}$	$\dfrac{1.25\sim2.48}{1.87(2)}$	$\dfrac{1.08\sim1.53}{1.31(2)}$				

7.2.3.5 硫分

硫是煤中的有害杂质，对煤的加工利用有很大危害。而且高硫煤燃烧时产生的二氧化硫还会严重污染大气，造成酸雨等灾害。因此，为了有效经济地利用煤炭资源，必须了解煤中的硫分含量。

根据《煤炭质量分级 第2部分：硫分》（GB/T 15224.2—2010）对各煤层进行硫分分级，通柘煤田二²₁煤层全区原煤全硫含量为 0.23%～1.5%，平均全硫含量无烟煤类不大

于 0.5%，属低硫煤；贫煤、瘦煤、焦煤平均全硫含量不大于 0.45%，以特低硫煤为主。

通柘煤田二$_1^1$煤层无烟煤原煤全硫含量为 0.3%～1.12%，平均为 0.57%。贫煤原煤全硫含量为 0.32%～4.38%，平均为 2.07%。焦煤全硫含量为 0.37%～3.88%，平均为 1.87%。天然焦全硫含量为 0.04%～5.66%，平均为 2.85%。依据《煤炭质量分级　第 2 部分：硫分》（GB/T 15224.2—2010），二$_1^1$煤层无烟煤属于低硫煤，贫煤、焦煤及天然焦全硫分均以中高硫煤为主。二$_1^1$煤层各类煤原煤全硫含量明显高于二$_1^2$煤层。

从形态硫分类来看，二$_1^2$煤层形态硫均以有机硫为主，其次为硫铁矿硫和硫酸盐硫；二$_1^1$煤层形态硫则以硫铁矿硫为主，其次为有机硫，硫酸盐硫最少。经过洗选后二$_1^2$煤层全硫分略有降低，二$_1^1$煤层全硫分则显著降低。这是因为二$_1^2$煤层原煤全硫分以有机硫为主，而二$_1^1$煤层原煤全硫分以硫铁矿硫为主的缘故。

7.2.3.6　其他有害元素

1. 睢县西部煤普查区

二$_1^2$煤层中有害元素氟以特低氟为主（占 62%），低氟占 25%，高氟占 11%，属一级含砷、特低氟～低氟、特低氯、低铅、低磷煤，主要分布在东南部。二$_1^1$煤层中有害元素氟以高氟为主（占 73%），属一级含砷、特低氯、低铅、高氟、低磷煤，主要分布在东南部。

2. 胡襄煤普查区

胡襄煤普查区二$_1^2$煤层贫煤、瘦煤为低磷分、特低氯、一级含砷煤，焦煤为特低磷分、特低氯、一级含砷煤，天然焦有害元素分级为特低磷分、特低氯、一级含砷。二$_1^1$煤层贫煤为低磷分、特低氯、一级含砷煤，焦煤为特低磷分、特低氯、一级含砷煤，天然焦有害元素分级为低磷、特低氯、一级含砷。

经洗选后各类煤磷、砷含量大多降低，因此对原煤进行洗选一定程度上能降低煤中有害元素含量，提高煤炭的利用率。

7.3　煤的工艺性能及综合利用评价

7.3.1　煤的工艺性能

1. 煤的发热量

煤的发热量是指单位质量的煤完全燃烧所产生的全部热量。发热量是动力用煤的主要质量指标，煤的燃烧和气化要用发热量计算热平衡、热效率和耗煤量，因此也是燃烧和气化设备的设计依据之一。影响发热量的因素较多，如煤化程度、元素组成、水分及矿物质含量等。

通柘煤田二$_1^2$、二$_1^1$煤层各类煤的原煤、浮煤发热量测试结果见表7-8。

二$_1^2$煤层无烟煤 $Q_{gr,d}$ 为 25.13~32.71 MJ/kg，平均为 29.45 MJ/kg。贫煤 $Q_{gr,d}$ 为 25.64~33.18 MJ/kg，平均为 30.97 MJ/kg；瘦煤 $Q_{gr,d}$ 为 29.90~32.39 MJ/kg。平均为 31.09 MJ/kg。焦煤 $Q_{gr,d}$ 为 28.60~31.91 MJ/kg，平均为 30.55 MJ/kg。据 GB/T 15224.3—2004 分级标准，二$_1^2$煤层无烟煤以高热值煤为主，其他各类煤均以特高热值煤为主。二$_1^2$煤层天然焦 $Q_{gr,d}$ 为 22.39~28.10 MJ/kg，平均为 24.93 MJ/kg，以中热值为主。

二$_1^1$煤层无烟煤 $Q_{gr,d}$ 为 20~31.68 MJ/kg，平均为 28.88 MJ/kg。贫煤 $Q_{gr,d}$ 为 24.66~32.66 MJ/kg，平均 28.63 MJ/kg。焦煤 $Q_{gr,d}$ 为 23.56~30.75 MJ/kg，平均为 28.14 MJ/kg。依据 GB/T 15224.3—2004 分级标准，二$_1^1$煤层无烟煤、贫煤、焦煤均以高热值煤为主。天然焦 $Q_{gr,d}$ 为 16.83%~20.58%，平均为 18.71%，属低热值。

表7-8　通柘煤田二$_1^2$、二$_1^1$煤层原煤、浮煤发热量测试结果

煤层编号	煤类	原煤发热量		浮煤发热量		发热量分级
		$Q_{net,d}/(MJ\cdot kg^{-1})$	$Q_{gr,d}/(MJ\cdot kg^{-1})$	$Q_{net,d}/(MJ\cdot kg^{-1})$	$Q_{gr,d}/(MJ\cdot kg^{-1})$	
二$_1^2$	WY3	$\frac{24.63\sim32}{28.75(84)}$	$\frac{25.13\sim32.71}{29.45(84)}$	$\frac{31.47\sim34.61}{33.45(40)}$	$\frac{29.54\sim35.44}{34.03(51)}$	高热值煤
	PM	$\frac{24.99\sim32.37}{30.14(21)}$	$\frac{25.64\sim33.18}{30.97(21)}$	$\frac{31.33\sim33.69}{32.63(18)}$	$\frac{32.12\sim34.55}{33.43(18)}$	特高热值煤
	SM	$\frac{29.14\sim31.50}{30.45(6)}$	$\frac{29.90\sim32.39}{31.09(7)}$	$\frac{31.86\sim33.63}{32.54(5)}$	$\frac{32.66\sim34.51}{33.4(5)}$	特高热值煤
	JM	$\frac{27.87\sim30.93}{29.72(9)}$	$\frac{28.60\sim31.91}{30.55(9)}$	$\frac{31.31\sim33.32}{31.89(9)}$	$\frac{32.17\sim34.09}{32.76(9)}$	特高热值煤
	TR	$\frac{22.12\sim28.67}{24.84(5)}$	$\frac{22.39\sim28.10}{24.93(5)}$			中热值
二$_1^1$	WY3	$\frac{19.49\sim30.98}{28.22(11)}$	$\frac{20\sim31.68}{28.88(11)}$	$\frac{33.11\sim33.67}{33.41(4)}$	$\frac{33.61\sim34.56}{34.19(8)}$	高热值煤
	PM	$\frac{22.67\sim31.84}{27.74(25)}$	$\frac{24.66\sim32.66}{28.63(26)}$	$\frac{27.26\sim33.77}{31.98(22)}$	$\frac{27.90\sim34.66}{32.72(22)}$	高热值煤
	JM	$\frac{22.82\sim29.8}{27.38(10)}$	$\frac{23.56\sim30.75}{28.14(10)}$	$\frac{27.51\sim33.18}{30.74(9)}$	$\frac{28.10\sim34.13}{31.60(9)}$	高热值煤
	TR	$\frac{16.61\sim20.21}{18.41(2)}$	$\frac{16.83\sim20.58}{18.71(2)}$			低热值

注：$Q_{gr,d}$ 代表干燥基高位发热量，$Q_{net,d}$ 代表干燥基低位发热量。

经洗选后由于灰分降低，各煤层各煤类的发热量均明显增大。

通过数据分析可知，通柘煤田煤的发热量有如下规律：

（1）二$_1^2$煤层各煤类原煤发热量普遍高于二$_1^1$煤层，其主要原因是二$_1^2$煤层各类煤原煤灰分较低，而二$_1^1$煤层各类煤原煤灰分较高。

（2）从灰分较低的二$_1^2$煤层各煤类原煤高位发热量可以看出，通柘煤田二$_1^2$煤层发热量与煤化程度的关系较为密切，焦煤到瘦煤发热量升高，而瘦煤到贫煤再到无烟煤发热量逐渐降低，如图7-3所示。这是因为焦煤比瘦煤的碳元素含量低，故发热量低；而通柘煤田的贫煤碳元素含量比瘦煤略低，导致发热量降低；无烟煤虽然碳含量比瘦煤、贫煤高，但氢元素含量降低较多，而氢元素的发热量比碳元素高3.5倍，所以发热量又有所下降，故通柘煤田的二$_1^2$煤层中无烟煤的发热量低于低阶煤。而二$_1^1$煤层因为灰分较高，所以该现象并不明显。

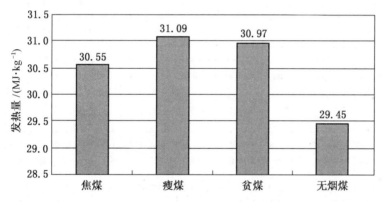

图7-3 二$_1^2$煤层煤类与原煤高位发热量平均值关系图

2. 煤的黏结性和结焦性

煤的黏结性是指煤粒（直径小于0.2 mm）在隔绝空气受热后能否黏结其本身或惰性物质形成焦块的能力；煤的结焦性是指煤粒隔绝空气受热后能否生成优质焦炭（焦炭强度和块度符合冶金焦的要求）的性质。煤的黏结性和结焦性是炼焦用煤的重要质量指标。

通柘煤田煤层多为无烟煤和贫煤，为非炼焦用煤。仅在胡襄煤普查区的部分地段存在瘦煤和焦煤，可以作为炼焦用煤。

焦渣特征是用来判断煤的黏结性的一种参数指标，可划分为1~8号，一般认为1~2号没有黏结性，3~4号为弱黏结性，5~8号有较强的黏结性。

依据MT/T 596—2008分级标准，二$_1^2$煤层中瘦煤黏结指数为47，为中黏结煤；焦煤黏结指数为95，为特强黏结煤。二$_1^1$煤层中焦煤黏结指数为82，为强黏结煤。

煤的奥阿膨胀度与煤的煤岩组成、煤的胶质体有关，是反映煤的结焦性的一个指标。试验结果表明：瘦煤塑性一般，结焦性一般，焦煤塑性较好。

3. 煤灰成分与煤灰熔融性

通柏煤田二$_1^2$、二$_1^1$煤层的煤灰成分以硅氧化物、铝氧化物为主，约占70%以上；其次为氧化钙含量，然后为三氧化二铁、三氧化硫等，其他成分不多。二$_1^1$煤层的煤灰成分中硅氧化物、铝氧化物含量一般低于二$_1^2$煤层，而三氧化二铁、氧化镁、氧化钙含量则高于二$_1^2$煤层，煤灰成分分析结果见表7-9。

表7-9　通柏煤田煤灰成分分析测定结果统计表

煤层编号	煤类	煤灰成分分析/%									
		SiO_2	Al_2O_3	TiO_2	Fe_2O_3	CaO	MgO	SO_3	K_2O	Na_2O	P_2O_5
二$_1^2$	WY3	22.16~52.29 41.02(43)	18.91~34.96 28.49(43)	0.68~1.58 1.21(43)	4.42~15.89 6.41(43)	4.7~31.89 11.85(43)	0.97~5.242 12(43)	2.45~9.04 5.39(43)	0.21~2.06 0.68(43)	0.62~1.84 1.10(43)	0.10~1.17 0.46(14)
	PM	25.84~45.76 39.45(20)	20.44~36.58 31.50(20)	0.78~1.91 1.41(20)	3.36~7.66 4.85(20)	2.48~27.68 11.18(20)	0.87~8.22 2.33(20)	2.5~6.7 4.27(5)	0.18~0.49 0.32(10)	0.32~1.45 0.97(10)	
	SM	37.5~53.62 41.51(6)	28.78~36.5 31.48(6)	1.08~1.44 1.33(5)	4.1~6.52 4.73(6)	2.69~15.1 9.34(6)	0.02~6.1 2.26(6)	1.82~4.61 3.22(2)	0.2~0.68 0.44(2)	1.12~1.16 1.14(2)	
	JM	38.2~52.52 43.86(8)	27.66~31.97 27.93(8)	1.07~2.64 1.84(8)	3.44~6.04 4.67(8)	5.37~14.2 11.02(8)	0.95~2.56 1.76(8)	1.83~4.17 3.02(5)	0.18~0.89 0.48(5)	0.25~1.82 0.73(6)	
	TR	50.62(1)	30.79(1)	1.38(1)	6.61(1)	3.26(1)	2.14(1)		1.12(1)	0.90(1)	
二$_1^1$	WY3	41.18~52.73 46.19(10)	24.2~35.67 31.19(10)	0.8~1.38 1.08(10)	0.88~10.4 5.50(10)	2.3~10.78 6.10(10)	0.65~2.321 38(10)	1.36~9.21 4.53(10)	0.28~1.34 0.80(10)	0.82~1.36 0.97(10)	0.12~1.04 0.54(8)
	PM	35.49~51.82 42.68(20)	26.23~36.83 30.52(20)	0.7~2.92 1.21(20)	2.65~32.68 14.02(20)	0.86~12.06 4.45(20)	0.56~2.27 1.37(20)	1.8~3.94 2.70(6)	0~1.78 0.66(11)	0~0.78 0.45(10)	
	JM	41.16~57.96 48.64(6)	24.14~35.7 31.05(6)	0.78~1.81 1.36(6)	2.62~18.15 7.58(6)	1.52~10.03 3.70(6)	0.55~2.54 1.32(6)	1.88~2.2 2.04(2)	0.24~1.18 0.62(4)	0.38~0.62 0.5(4)	
	TR	49.73(1)	29.32(1)	1.58(1)	6.13(1)	6.95(1)	1.90(1)		1.82(1)	0.88(1)	

煤灰熔融性是指煤中矿物质在高温下的熔融性能，是影响煤的燃烧和气化的重要因素。一般而言，矿物质中Al_2O_3含量越大，灰熔融性越高，其煤灰软化温度和流动温度也增高。Fe_2O_3、CaO、MgO的含量比例越高，则灰熔融性越低。

通柏煤田二$_1^2$、二$_1^1$煤层的煤灰中SiO_2和Al_2O_3含量较高，使其煤灰软化温度和流动温度也增高。依据煤炭行业标准分级：二$_1^2$、二$_1^1$煤层总体上属较高软化温度和较高流动温度灰。

7.3.2　煤质评价和综合利用

通柏煤田煤类较多，煤质特征也有一定差异。目前，通柏煤田整体的煤质研究程度比河南省其他煤田较低，所以有必要在现有资料的基础上进行煤质特征和综合利用方面的研究，为日后通柘煤田的进一步勘探和开发利用做好准备工作。

通柘煤田的二$_1^2$煤层均为低灰、低～特低硫、特低～低磷、特低氯、高～特高热值、较高软化温度灰煤，其中无烟煤、贫煤可以做动力用煤和民用燃料。瘦煤和焦煤整体上属特低硫煤，但平均灰分大于12%，按炼焦用煤的标准属高灰煤，难以制出质量达到要求的焦炭，目前来看只宜做动力用煤，故而建议下一步工作中加强相关勘查和研究工作，以期更合理地分类利用煤炭资源。

通柘煤田二$_1^1$煤层为中灰、高热值、较高软化流动温度灰煤。二$_1^1$煤层无烟煤类属低硫煤，可以做动力用煤和民用燃料。但贫煤、焦煤属中高硫煤，若加以利用，会造成严重的环境污染。所以关于二$_1^1$煤层贫煤、焦煤的开发利用，还有待于进一步勘查评价。另外，通柘煤田东部赋存有部分天然焦。二$_1^2$煤层天然焦主要指标为中灰、特低硫、特低磷、特低氯、一级含砷、中热值、高软化温度灰、高流动温度灰，二$_1^1$煤层天然焦为高灰、中高硫、低磷分、特低氯、一级含砷、低热值。天然焦与煤相比灰分偏高，发热量偏低，且具有热爆性，一般可作为制造电石的原料，或经预热处理后用于煤气或水煤气发生炉的燃料，代替冶金焦用于炼铁、烧石灰等。

8 瓦斯、煤尘爆炸性、自燃倾向性与地温

8.1 瓦斯

8.1.1 瓦斯样品采集及质量评价

在勘查过程中,根据《煤、泥炭地质勘查规范》(DZ/T 0215—2002),按照国土资发〔2007〕96号以及豫国土资函〔2007〕342号文件要求,区内施工的钻孔对二$_1^2$、二$_1^1$煤层进行了煤和煤层气综合勘查。煤层瓦斯含量测试按《地勘时期煤层瓦斯含量测定方法》执行。采样点分布合理、采样密度符合《煤、泥炭地质勘查规范》(DZ/T 0215—2002)等有关规范要求。

对主要可采的二$_1^2$、二$_1^1$煤层进行了不同埋藏深度的采样测试工作,二$_1^2$煤层瓦斯样共采集104孔,合格样品179个,取样深度1015.61~1809.1 m;二$_1^1$煤层瓦斯样共采集38孔,合格样品40个,取样深度863.4~1484.88 m。上述样品均按照相关规范进行了现场解吸和室内测试分析。

8.1.2 瓦斯含量及成分

据钻孔瓦斯煤样测试分析成果,将睢县西部煤普查区和胡襄煤普查区的测试结果按煤层进行了综合整理统计,各煤层瓦斯主要自然成分、含量统计结果见表8-1。

表8-1 通柘煤田瓦斯测试结果汇总表

煤层编号	极值	采样止深/m	瓦斯成分/%			瓦斯含量/($m^3 \cdot t^{-1}$)			质量情况	
									煤质分析/%	
			CO_2	CH_4	N_2	CO_2	CH_4	N_2	M_{ad}	A_d
二$_1^2$	最小值	1015.61	0.58	2.3	0.42	0.04	0.14	0.38	0.04	6.82
	最大值	1809.1	39.38	99.08	92.28	4.63	34.77	14.35	2.39	33.68
	平均值		6.56	72.54	25.83	0.83	11.32	3.87	0.56	12.33
	点数		90	87	89	89	89	88	91	91

表 8-1（续）

煤层编号	极值	采样止深/m	瓦斯成分/%			瓦斯含量/(m³·t⁻¹)			质量情况	
									煤质分析/%	
			CO_2	CH_4	N_2	CO_2	CH_4	N_2	M_{ad}	A_d
二₁¹	最小值	863.4	0.67	0.75	5	0.02	0.06	0.38	0.29	9.27
	最大值	1484.88	46.66	97.15	98.39	4.07	12.54	10.66	2.39	32.73
	平均值		8.25	45.2	31.92	0.47	3.82	2.79	0.49	13.21
	点数		38	34	37	38	35	34	33	33

从表 8-1 可知，通柘煤田不同煤层之间，二₁²煤层的瓦斯含量平均值为 11.32 m³/t，比二₁¹煤层瓦斯含量平均值 3.82 m³/t 要高出很多。二₁²煤层的瓦斯成分中 CH_4 的平均值为 72.54%，也明显高于二₁¹煤层瓦斯成分中 CH_4 的平均值 45.2%。

通柘煤田相同煤层瓦斯成分和含量受各种因素影响，有着很大的差异，瓦斯分带性较为明显。根据相关规范对通柘煤田进行瓦斯分带，结论如下：二₁²煤层在睢县西部煤普查区绝大多数地段 CH_4 成分大于 80%，除小部分地段外全部为甲烷带（瓦斯带）；胡襄煤普查区中部煤层埋深 1050 m 以深为甲烷带（瓦斯带），煤层埋深 1050 m 以浅为瓦斯风化带；其他地段均为瓦斯风化带，如图 8-1 所示。

二₁¹煤层仅在胡襄煤普查区中部埋深 1050 m 以深为甲烷带（瓦斯带），其余地段 CH_4 成分大于 80% 的钻孔零星分布，连不成片，均为瓦斯风化带，如图 8-2 所示。

8.1.3 瓦斯赋存规律

影响煤层瓦斯含量的因素较多，现分述如下：

1. 煤化程度对瓦斯赋存的影响

一般来讲，煤化程度增高，煤层中产生的气体愈多。并且煤层瓦斯以吸附在煤基质颗粒表面为主，游离瓦斯和溶解于煤层水中的瓦斯只占一少部分。而煤化程度的增高能促使煤的吸附能力增强。

通柘煤田自东向西煤化程度逐渐增高。根据《河南省睢县西部煤普查报告》和《河南省商丘地区胡襄煤普查报告》，胡襄煤普查区以贫煤为主，煤化程度相对较低，其二₁²煤层瓦斯平均含量为 5.20 m³/t；睢县西部煤普查区为无烟煤，其二₁²煤层瓦斯平均含量为 13.98 m³/t。

由此可见，通柘煤田二₁²煤层煤化程度较低的地段，其瓦斯含量明显低于煤化程度较高的地段。而二₁¹煤层因为大多数地段属于瓦斯风化带，该规律不明显。

2. 煤层埋深对瓦斯赋存的影响

一般情况下，煤层瓦斯压力随着煤层埋深的增加而增大。随着瓦斯压力的增加，煤

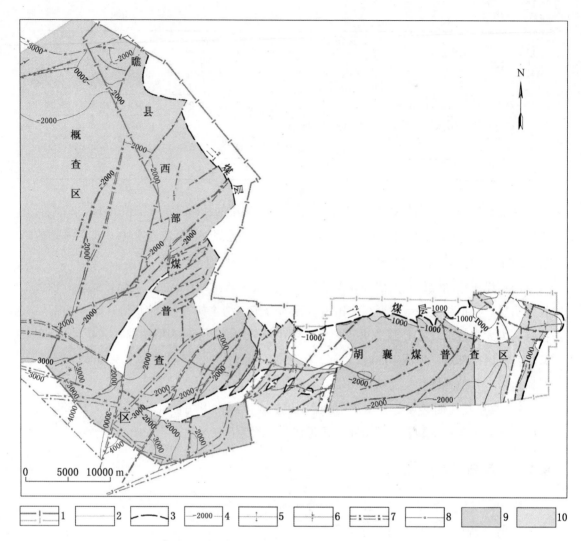

1—普查区边界；2—概查区边界；3—煤层露头线；4—煤层底板等高线；5—背斜；6—向斜；

7—正断层；8—无煤带边界；9—甲烷带；10—瓦斯风化带

图8-1　通柘煤田二$_1^2$煤层瓦斯分带示意图

层中游离瓦斯所占的比例增大，同时煤中的吸附瓦斯逐渐趋于饱和。因而从理论上讲，在一定深度范围内，煤层瓦斯含量随着煤层埋深的增大而增加。

　　由于煤与围岩性质的差别，垂直煤层层面及其他方向的纵向运移往往是微弱的。一般来讲，随着煤层上覆基岩厚度的增大，不仅使瓦斯的纵向和横向运移赋存条件变好，而且使煤对瓦斯的吸附能力变强。

　　以全煤田分布的二$_1^2$煤层为例：如胡襄煤普查区的 ZK4001 孔，采样深度为1140.98 m，其瓦斯含量为 4.56 m³/t；而处于同一条勘探线、位于其深部的 ZK4003 孔，采样深度为 1316 m，瓦斯含量为 8.85 m³/t。又如睢县西部煤普查区的 16802 孔，采样

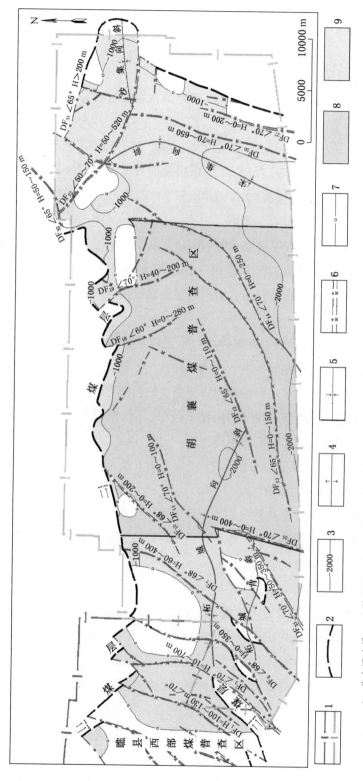

图8-2　通柏煤田二¹₁煤层瓦斯分带示意图

1—普查区边界；2—煤层露头线；3—煤层底板等高线；4—背斜；5—向斜；6—正断层；7—无煤带边界；8—甲烷带；9—瓦斯风化带

深度为 1572.9 m，瓦斯含量为 13.4 m³/t；处于同一条勘探线、位于其深部的 16803 孔，采样深度为 1807.66 m，瓦斯含量达到 27.64 m³/t。瓦斯含量随着煤层埋深的增大而增加的规律十分明显。

3. 煤层厚度对瓦斯赋存的影响

一般来说，在煤化程度一致的情况下，煤层越厚，煤层的吸附瓦斯含量越高，保存瓦斯的能力越强。

通柘煤田同一煤层的层位稳定，煤厚变化不剧烈，而不同煤层之间煤厚差异明显。通柘煤田二²₁煤层平均厚度大于二¹₁煤层，二²₁煤层瓦斯含量平均值为 11.32 m³/t，也明显高于二¹₁煤层的瓦斯含量平均值 3.82 m³/t。

4. 煤层顶底板岩性对瓦斯赋存的影响

煤层顶底板岩石的透气性和厚度也是影响煤层瓦斯赋存的因素之一，它对瓦斯的保存和逸散起着重要作用。一般而言，如果煤层顶底板为透气性较差的泥岩、砂质泥岩等，瓦斯难以逸散，煤层瓦斯含量较高；如果煤层顶底板为透气性较好的砂岩，则煤层瓦斯含量会变小。

通柘煤田二²₁煤层的直接顶板岩性规律为：东部以透气性较好的细粒砂岩为主，西部以透气性较差的泥岩、砂质泥岩为主，次为细粒砂岩。而通柘煤田总体上二²₁煤层瓦斯含量东部低于西部。并且通柘煤田东部因为瓦斯逸散，还存在大片的瓦斯风化带，而通柘煤田西部则几乎全为甲烷带。说明通柘煤田西部二²₁煤层顶板透气性相对东部而言较差，对煤层瓦斯的逸散起到了一定的阻碍作用。

二¹₁煤层的顶板即为二²₁煤层的底板，对二¹₁煤层的瓦斯赋存状况的影响不明显。

5. 地质构造对瓦斯赋存的影响

影响瓦斯含量的因素中，地质构造因素起重要作用。但通柘煤田还处于普查阶段，虽然初步查明了煤田的构造形态，但工作程度尚不足以证实地质构造对瓦斯赋存影响的程度，这有待下一步工作中继续研究。

6. 岩浆岩对瓦斯赋存的影响

通柘煤田东部边缘有岩浆岩侵入地段，受岩浆岩侵入或烘烤为天然焦的地段（东部）煤层瓦斯含量亦低。通柘煤田见天然焦的钻孔中，仅有 ZKS3901 孔的二¹₁煤层采取了瓦斯样，瓦斯浓度仅为 1.07 m³/t，低于二¹₁煤层平均瓦斯浓度 3.82 m³/t。

由上述影响因素可以初步得出：通柘煤田瓦斯赋存主要受煤化程度和埋深的影响较大，煤化程度越高，埋深越深，瓦斯含量越高。另外，煤层厚度的差别导致二²₁煤层瓦斯含量明显高于二¹₁煤层。而煤层顶板的岩性对二²₁煤层瓦斯的保存状况有一定的影响，顶板以泥岩、砂质泥岩为主的地段，瓦斯含量高于顶板以砂岩为主的地段。受岩浆岩侵入或烘烤为天然焦的地段煤层瓦斯含量较低。根据现有资料，其他因素对瓦斯赋存的影响并不明显。

8.2 煤尘爆炸性

煤尘爆炸是在高温或一定点火能的热源作用下，空气中氧气与煤尘急剧氧化的反应过程。煤尘爆炸属于煤矿矿井的重大灾害事故。煤尘具有爆炸性是煤尘爆炸的必要条件。煤尘爆炸的危险性必须经过试验确定。

通柘煤田对 3 个钻孔所采集的 6 个煤芯样（$二_1^2$ 煤层 5 个，$二_1^1$ 煤层 1 个）进行了室内煤尘爆炸试验，测试结果显示：火焰长度为无火~300 mm，岩粉量为 0~75%。按《煤尘爆炸性鉴定规范》（AQ 1045—2007）初判，$二_1^2$、$二_1^1$ 煤层属有煤尘爆炸性煤层，见表 8-2。

表 8-2　钻孔煤芯试样煤尘爆炸试验结果表

煤层编号	钻孔编号	煤尘爆炸		原煤挥发分/%	煤类
		火焰长度/mm	岩粉量/%		
$二_1^2$	ZKH7503	300	75	17.56	贫煤
	ZKH2004	无火	0	13.62	贫煤
	ZKH6504	150	50	22.01	焦煤
$二_1^1$	ZKH6504	50	35	22.07	焦煤

8.3 煤的自燃倾向

通柘煤田对 2 个钻孔采集的 5 个煤芯试样（$二_1^2$ 煤层 4 个，$二_1^1$ 煤层 1 个）进行室内自燃倾向试验，测试结果显示：吸氧量为 0.6~0.64 cm³/g。依据《煤自燃倾向性色谱吸氧鉴定法》（GB/T 20104—2006）初判，$二_1^2$、$二_1^1$ 煤层自燃等级为 Ⅱ 级，属自燃煤层，见表 8-3。

表 8-3　钻孔煤层试样自燃倾向试验结果表

煤层编号	钻孔编号	自燃倾向		全硫/%	煤类
		吸氧量/(cm³·g⁻¹)	自燃等级		
$二_1^2$	ZKH2004	0.64	Ⅲ	0.36	贫煤
	ZKH6504	0.62	Ⅱ	0.67	焦煤
$二_1^1$	ZKH6504	0.6	Ⅱ	3.88	焦煤

8.4 地温

8.4.1 测温工作

据区内67个钻孔简易测温资料统计，测温钻孔孔底深度935～1840 m，温度37.76～73 ℃，如图8-3所示。

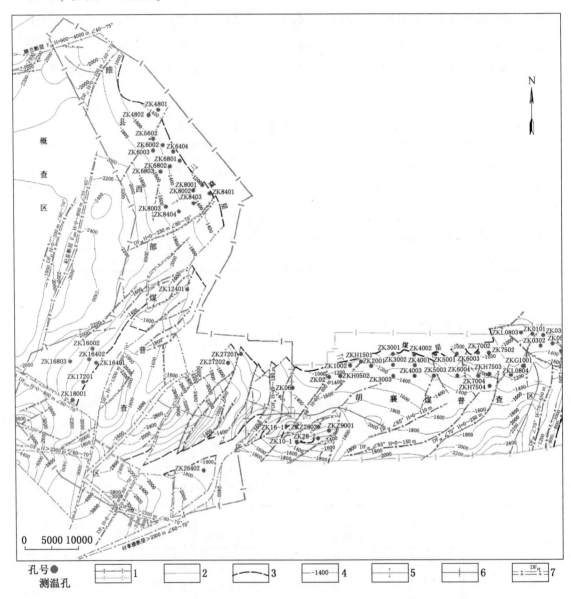

1—普查区边界；2—概查区边界；3—煤层露头线；4—煤层底板等高线；5—背斜轴；6—向斜轴；7—正断层

图8-3　简易测温孔分布图

8.4.2 恒温带温度与深度

据资料统计，20 m 测深温度为 10~26 ℃，主要集中在 14~17 ℃，区内无恒温观测孔。恒温带温度经验值可采用高于当地多年平均温度 1~3 ℃的方法确定，该地区多年地面温度平均值为 14.3 ℃，即恒温带温度为 15.3~17.3 ℃。邻近的永城市东大营恒温观测孔孔深 81 m，孔径 110 mm，恒温带深度 23 m，温度为 16.5 ℃。该观测孔恒温带观测值 16.5 ℃，处于经验值 15.3~17.3 ℃之间，故该区恒温带温度和深度采用永城市东大营恒温观测孔观测结果，即恒温带温度 16.5 ℃，深度 23 m。

8.4.3 地温梯度及煤层底板温度

利用孔底及恒温带的温度和深度，按下式计算出各钻孔地温梯度：

$$G_{CP} = \frac{\Delta T}{\Delta H} \times 100$$

式中 G_{CP}——钻孔平均地温梯度，℃/100 m；

ΔT——孔底温度与恒温带温度之差，℃；

ΔH——孔底深度与恒温带深度之差，m。

除 4 个钻孔极值（ZKZ2803、ZKZ9001、ZKS3901、ZK28-2）外，单孔地温梯度在 2.09~3.48 ℃/100 m 之间，平均地温梯度为 2.83 ℃/100 m。

二$_1^2$、二$_1^1$ 煤层底板温度用公式 $T = G_{CP} \cdot \Delta H_1 + 16.5$ 计算，ΔH_1 为煤层底板深度与恒温带深度之差，16.5 ℃为恒温带温度。二$_1^2$ 煤层底板深度为 956.47~1810.01 m，温度为 44.14~72.07 ℃；二$_1^1$ 煤层底板深度为 968.95~1534.95 m，温度为 32.44~71.99 ℃。

8.4.4 地温分布特征及影响因素

地温梯度大于 3 ℃/100 m 的地温异常孔共 21 个，其中煤层露头附近有 10 孔。西南部 6 孔分别为 ZK16002、ZK16401、ZK16402、ZK16803、ZK17201、ZK18001，均位于 DF$_{10}$ 断层西部。南部 5 孔 ZK10-1、ZK16-1、ZKZ2803、ZKZ9001 孔、ZK28-2 位于背斜轴部、断层圈围地段。地温梯度小于 2 ℃/100 m 钻孔一个（为 ZKS3901），地温梯度为 1.54 ℃/100 m，位于胡襄煤普查区东部，为向斜轴部、岩浆岩侵入地段。

分析认为，由于地球内部的热量通过岩层向外传导，顺岩层面方向导热率高，垂直岩层面导热率低，热量则向着基底隆起部位和背斜轴部集中，因此背斜轴部的地温偏高，向斜轴部的地温则偏低。断距大、高角度断层圈围地段，热量不易向外围传导，基本处于封闭状态的地下水流对地温的影响也将微弱。同时，岩浆岩比其他岩层的热导性能较差，也是影响地温异常的因素之一。

地温变化具有一定的规律性，地温随埋深的加深而增大，地温在 44.14～72.07 ℃区间，整体属二级热害区。浅部钻孔地温梯度大，深部钻孔地温梯度小，但随埋深的加深而减小的趋势不明显。

9 水文地质、工程地质、环境地质条件

9.1 水文地质条件

通柘煤田地处黄河冲积平原的中东部，地貌类型简单，地势平坦，地面标高为 41~64 m，地势呈西北略高东南稍低，坡降为 1/7000~1/5000，地表岩性主要由冲积的粉质黏土、粉土组成，属黄河冲积平原地貌单元。

境内河流属淮河流域涡河水系，主要河流有惠济河、涡河、大沙河、包河、蒋河、废黄河等，多发源于黄河古道南侧，自西北流向东南，均属季节性河流，具有洪峰显著、流量随季节性变化大、年内洪水期及干旱季节河水位相差悬殊等特点。河水位一般低于浅层地下水水位，成为排泄浅层地下水的水道，仅仅在洪水季节河水短暂补给地下水。

惠济河发源于开封市，经睢县进入柘城，然后流经鹿邑县进入安徽省境内。据柘城县砖桥站水文观测资料，最大流量为 173 m³/s，最高水位标高为 37.8 m（1970 年），近年来时有断流，最低水位标高为 33.34 m。

9.1.1 区域水文地质概况

1. 新生界松散孔隙地下水系统

通柘煤田地处黄河南侧，黄河冲积平原的中东部，属黄河地下水系统（Ⅱ），水循环和水动力特征属于黄河冲洪积平原地下水亚系统（Ⅱ₄），北部开封一带为黄河北孔隙地下水子系统（Ⅱ₄₋₁），向南至商丘地区及周口地区的太康县、鹿邑县等为黄河南孔隙地下水子系统（Ⅱ₄₋₃），如图 9-1 所示。

2. 基岩裂隙、岩溶地下水系统

通柘煤田位于华北地台南部嵩箕构造区中东部开封小区，大部分位于太康隆起之上，二叠系、石炭系、奥陶系等与上覆 650~1800 m 厚的新生界松散层呈不整合接触。太康隆起东邻颜集断陷及永城断隆，西接嵩箕断隆，北邻开封凹陷，南接周口凹陷，北以商丘正断层为界，东以颜集正断层为界，西以聊兰断层为界，南以许昌断层为界（南部与周口凹陷局部连通）。通柘煤田东北部及东端奥陶系、寒武系发育，受商丘正断层、

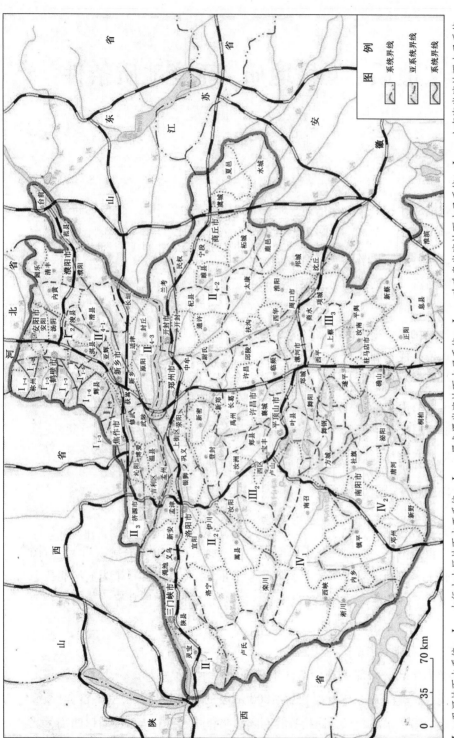

图9-1 河南省地下水系统分区图

I—卫河地下水系统; I₁—太行山山区地下水子系统; I₁₋₁—黑龙潭岩溶地下水子系统; I₁₋₂—珍珠泉岩溶地下水子系统; I₁₋₃—小南海岩溶地下水子系统; I₁₋₄—三门寺泉岩溶地下水子系统; I₁₋₅—许家沟岩溶地下水子系统; I₁₋₆—三门河岩溶地下水子系统; I₁₋₇—百泉岩溶地下水子系统; I₁₋₈—九里山岩溶地下水子系统; I₂—卫河冲积平原地下水子系统; II₁—宏农河地下水亚系统; II₁₋₁—青龙涧河地下水子系统; II—黄河地下水系统; II₂—伊洛河地下水亚系统; II₃—沁蟒河地下水亚系统; II₄—黄河冲积平原地下水亚系统; II₄₋₁—黄河北孔隙地下水子系统; III—淮河地下水系统; III₁—桐柏大别山地下水亚系统; III₂—黄河南孔隙带地下水子系统; III₃—淮河冲积平原地下水亚系统; III₄—淮河上游地下水亚系统; III₄₋₁—沙颖河地下水子系统; III₄₋₂—黄河影响带孔隙地下水子系统; III₄₋₃—淮河冲洪积平原地下水亚系统; IV—汉水地下水系统; IV₁—伏牛山—桐柏山地下水亚系统; IV₂—南阳盆地地下水亚系统

颜集正断层、聊兰断层等边界高角度深大断裂构造控制，南部则为深埋边界，因此该区基岩裂隙、岩溶地下水在区域上可视为一个完整半封闭的水文地质单元，自然状态下总体流向为东北向西南，如图9-2和图9-3所示。

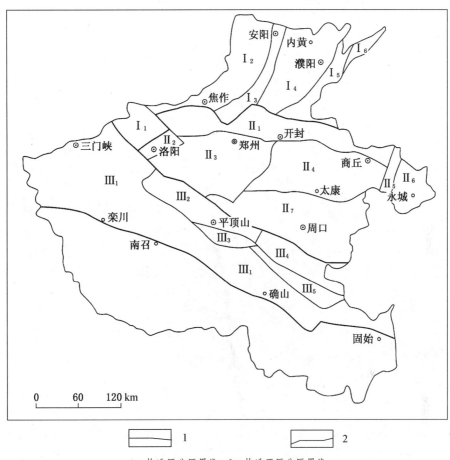

1—构造区分区界线；2—构造亚区分区界线

Ⅰ—太行构造区；Ⅰ₁—狂口断隆；Ⅰ₂—太行断隆；Ⅰ₃—汤阴断陷；Ⅰ₄—内黄隆起；Ⅰ₅—东濮断陷；

Ⅰ₆—菏泽断陷；Ⅱ—嵩箕构造区；Ⅱ₁—开封坳陷；Ⅱ₂—洛阳凹陷；Ⅱ₃—嵩箕断隆；Ⅱ₄—太康隆起；

Ⅱ₅—颜集断陷；Ⅱ₆—永城断隆；Ⅱ₇—周口坳陷；Ⅲ—崤熊构造区；Ⅲ₁—崤熊断隆；

Ⅲ₂—平顶山断陷；Ⅲ₃—舞阳断陷；Ⅲ₄—平舆隆起；Ⅲ₅—汝南断陷

图9-2 河南省构造分区图

9.1.2 区域水文地质特征

区域上地层主要可见新生界、二叠系、石炭系上统、奥陶系和寒武系，不同地质年代的地层岩性差异明显，含水层、隔水层多呈交错分布。新生界含水层岩性以细砂、中砂、粉砂等为主，隔水层岩性以黏土、粉质黏土、粉土为主；二叠系含水层岩性以细粒砂岩、中粒砂岩等为主，隔水层岩性以泥岩、砂质泥岩等为主；石炭系上统中上部太原组含水层岩性以灰岩、细~中粒砂岩为主，隔水层岩性以泥岩、砂质泥岩等为主，而石炭系上统下部本溪组铝质泥岩为分布稳定的隔水层段；奥陶系岩性以灰岩为主，是区内煤层主要的充水水源层段。

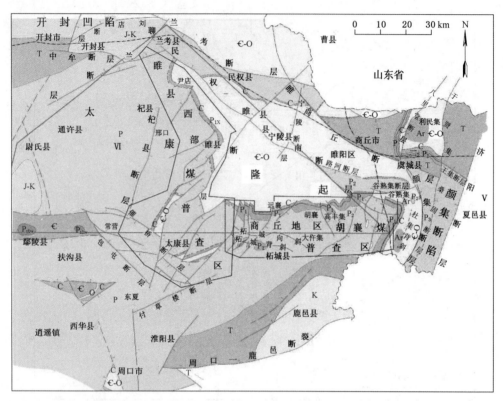

1—太古界；2—下元古界；3—寒武系；4—寒武系、奥陶系未分；5—奥陶系；6—石炭系；7—二叠系下统；

8—二叠系中统；9—二叠系上统；10—二叠系未分；11—三叠系；12—侏罗系、白垩系未分；13—白垩系；

14—岩浆岩体；15—背斜；16—向斜；17—实测、推测地质线；18—地层分区界线；V—徐州小区；

VI—开封小区；19—推测不整合界线、煤层露头；20—实测及推测正断层；21—普查区边界；

22—地震概查区边界；23—地级市；24—县、乡镇；25—省界；26—铁路

图 9-3　通柘煤田地质构造纲要图

9.1.3　区域地下水的补、径、排条件及动态特征

新生界松散岩类孔隙含水层中，浅层地下水补给以大气降水入渗为主，其次是侧向径流和河渠侧渗补给，径流方向基本上同现代地形倾斜方向一致，由西北流向东南，排

泄方式以蒸发和工农业开采为主，其次是向下游侧向径流和河渠侧渗，动态类型以渗入-蒸发型为主。中层、深层、超深层地下水埋藏深，补给以上游侧向径流补给为主，含水层间的水力联系弱，天然状态下一般处于近似静止的封闭水形式，径流缓慢，补给迟缓，径流方向大体为西北向东南，排泄方式以人工开采和向下游侧向径流为主。

二叠系砂岩裂隙含水层、石炭系灰岩岩溶裂隙含水层、奥陶系灰岩岩溶裂隙含水层在露头区接受上覆新生界底部含水层"天窗"补给，通过断裂构造、裂隙溶洞或以层间水平侧向渗透运移并向下游侧向径流排泄，天然条件下径流迟缓，各组含水层之间一般水力联系不密切。

9.2 煤田水文地质条件

9.2.1 地表水系及浅层水特征

通柘煤田为第四系全覆盖区，地势平坦，沟渠纵横，水系较发育，主要河流有惠济河、废黄河、蒋河、大沙河等，多为季节性河流，均属淮河水系。

该区浅层地下水循环条件良好，垂直交替强烈，补给以大气降水为主，主要呈渗入-蒸发型动态变化特征，与地表水有一定的水力联系，枯水期浅层地下水补给地表水，丰水期地表水短暂补给浅层地下水。浅层地下水是区内村镇农业、工业用水的主要取水层段。

9.2.2 含水层特征

依据含水层岩性特征、孔隙性质、埋藏条件及地质时代等，自上而下划分为新生界松散岩类孔隙含水层、二叠系砂岩裂隙含水层、石炭系太原组灰岩岩溶裂隙含水层、奥陶系灰岩岩溶裂隙含水层。

9.2.2.1 新生界松散岩类孔隙含水层

钻孔揭露新生界厚度为 650~1800 m，该含水层主要岩性为交互沉积的黏土、粉质黏土、粉土、粉砂、细砂和中砂。松散沉积层结构复杂，受古地形、地质等因素的影响，含（隔）水层相互交错，呈尖灭状或透镜体状沉积，含水砂层沿水平方向连续性较差，分布不稳定，厚度差异大。依据胡襄煤普查的两个全取芯钻孔编录资料，并结合其他钻孔测井曲线进行分析对比，将该含水层大致划分为浅层含水段（埋深 70 m 以浅）、中层含水段（70~350 m）、深层含水段（350~600 m）和超深层含水段（600 m 以深）。

1. 浅层含水段

含水层岩性以第四系全新统和更新统上部的土黄、浅黄色细砂、粉砂为主，质纯，松散，分选性好，富水性较强，为潜水~微承压水。含水层分布稳定，可见1~9层，单层厚度为0.95~21.45 m，累积平均厚度为32.16 m。据《河南省柘城县第二自来水厂徐园水源地详查报告》可知，水位埋深为1.3~4.98 m，单位涌水量为0.06~2.41 L/(s·m)，为弱富水~中等富水性含水段。水化学类型以HCO_3-Mg·Ca型、HCO_3·SO_4-Na型水为主，矿化度为0.5~0.94 g/L，总硬度（以$CaCO_3$计）为129.30~560.50 mg/L，属软~极硬水。

2. 中层含水段

由第四系更新统、新近系冲湖积的黏土、粉质黏土、粉细砂、细砂层交互沉积而成，局部有中砂层。含水层岩性以浅黄~棕黄色、质纯、松散、分选性较好的细砂为主，富水性较强，属孔隙承压水。砂层稳定性较差，厚度差异较大，可见4~34层，单层厚度为0.85~40.55 m，累积平均厚度为115.21 m。据《河南省柘城县第二自来水厂徐园水源地详查报告》可知，单位涌水量平均为1.39 L/(s·m)，为中等富水~富水性承压含水段。水化学类型以CL·HCO_3-Na型水为主，矿化度为1.7~3.5 g/L，属微咸~咸水。水质较差，目前一般不开发利用。

3. 深层含水段

由新近系冲积层、湖积层中的细砂与黏土、粉质黏土相间沉积组成。可见含水砂层4~37层，单层厚度差异大，厚度在0.6~54.36 m，累积平均厚度为141.96 m。据《河南省柘城县第二自来水厂徐园水源地详查报告》可知，单位涌水量为2.85~3.6 L/(s·m)，为极强富水性承压含水段。水化学类型主要有HCO_3-Na型水，局部有HCO_3CL-Na型水，矿化度为0.56~0.7 g/L，为低矿化度淡水，总硬度（以$CaCO_3$计）为14.1~46 mg/L，属极软水。

4. 超深层含水段

该含水段底与下伏二叠系、石炭系、奥陶系呈不整合接触。钻孔揭露含水层岩性为新近系冲湖积的细砂、含砾粗砂、砂砾层。含水层分布不稳定，厚度不均一，可见4~42层，单层厚度为0.65~27.87 m，累积平均厚度为80.69 m。西部单层厚度偏大（大于4 m），东部的单层厚度偏薄（小于1.5 m）。据区域地热管井资料，单位涌水量为0.5~0.69 L/(s·m)，水化学类型属HCO_3-Na型、CL·HCO_3-Na型水，矿化度为1.34~3.2 g/L。

5. 新生界地下水的补给、径流与排泄

浅层地下水的补给来源以大气降水入渗、灌溉水回渗为主，其次是河水侧向径流补给，径流方向自西北向东南，水力坡度约1/6000。排泄途径主要为蒸发和工、农业开采。

中、深层地下水埋藏深，稳定且较厚的黏土、粉质黏土相对隔水层，使它与上部含水层的水力联系很弱，天然状态下近似处于静止的封闭水状态，补给迟缓，量小，由西北向东南径流，径流缓慢。近年来，该区深层水随着人工开采规模的不断扩大而大量消耗储存量，致使地下水位逐年下降，局部形成了降落漏斗，从而改变了天然流场特征，人工开采逐步成为深层地下水的主要排泄方式。

超深层地下水与上部含水层间有良好、较厚且分布稳定的隔水层，含水层孔隙水以侧向径流为主，径流方向总体由北西向南东，局部受基底控制发生变化；向下游侧向径流和人工开采为其主要排泄方式。

9.2.2.2　二叠系砂岩裂隙含水层

含水层由二叠系石盒子组、山西组的粉砂岩、细粒砂岩、中粗粒石英砂岩组成。

石盒子组含水层主要由砂锅窑、四底、五底等细~粗粒砂岩组成，可见砂岩 1~34 层，一般 5~9 层，累积厚度一般在 20~60 m，累积平均厚度在 43 m 左右，砂锅窑砂岩距二$_1^2$煤层约 60.62 m。山西组含水层主要为香炭砂岩和大占砂岩，岩性为细~粗粒砂岩，以中粒砂岩为主，东部可见砂岩 1~22 层，单层厚 1.52~10.88 m，累积平均厚度为 43.83 m。西部可见砂岩 0~8 层，一般 3~5 层，累积厚度为 0~47.29 m，一般厚度为 20~40 m，平均累积厚度为 23.09 m，大占砂岩距二$_1^2$煤层约 2.64 m。

该含水层砂岩厚度、分布不均一，单层厚度差异极大，裂隙一般不太发育，并多被钙质充填，富水性较弱，透水性差，径流迟缓，侧向补给微弱。砂岩间多有数层砂质泥岩及泥岩，水力联系弱，地下水以静储量为主。钻探中未发生涌水、漏水现象，岩芯完整（图 9-4），局部受构造或风化影响裂隙发育，最大循环液消耗量 3.96 m³/h（28-2 孔）。

图 9-4　野外施工取得的岩芯

9.2.2.3　石炭系太原组灰岩岩溶裂隙含水层

通柘煤田仅有 5 个钻孔（东端杜集以西 0401 孔、1601 孔和睢县县城西侧的 ZK1201 孔、ZK8401 孔、ZK6404 孔）揭露了石炭系，石炭系厚 62.11~170.93 m，东部略厚，睢县县城附近稍薄，由厚层细砂岩、泥岩、灰岩、粉砂岩等相间沉积。

该含水层主要赋存于石炭系上统太原组，厚度为 57.02~147.58 m，同区域上一致分为上、中、下含水段，含水岩性为灰岩、细粒砂岩。钻孔揭露灰岩 9~10 层，单层厚度为 1~12.35 m，累计厚度为 33.44~52.14 m。太原组灰岩分布较稳定，灰岩裂隙岩溶较发育，但不均一，且多被方解石脉及钙质膜充填，偶见晶粒沉淀，钻进过程中涌水及循环液漏失现象不明显。太原组岩层受裂隙、构造等因素的影响，富水性较强但不均一，水头压力大，水力性质为强承压水。

太原组顶部第一层灰岩（K_3 标志层）层位稳定，厚度为 0.08~9.80 m，上距二$_1^2$ 煤层 4.20~53.1 m，一般 15~25 m，因此太原组灰岩水为二$_1^2$ 煤层底板直接充水含水层，对开采二$_1^2$ 煤层影响较大。另外，受断层影响，太原组灰岩有与二$_1^2$ 煤层对接的可能，今后工作宜加强对断层位置、性质等要素的控制，避免或减少石炭系灰岩水对采矿的危害。

9.2.2.4 奥陶系灰岩岩溶裂隙含水层

该含水层为中奥陶统马家沟组灰岩岩溶裂隙含水层。通柘煤田共有 4 个钻孔揭露了奥陶系顶部，揭露厚度为 9.29~16.13 m，岩性为浅灰色、灰色石灰岩、白云质灰岩，隐~显晶质结构，岩芯破碎，裂隙发育，充填有方解石脉，局部可见黄铁矿结晶，钻孔施工时未发生涌水及冲洗液明显漏失现象。

通柘煤田为新生界全覆盖区，奥陶系灰岩水在与新生界不整合接触地带接受补给。奥陶系顶面上距二$_1^2$ 煤层底板 124.11~160.68 m，为二煤组底板间接充水含水层，其上有太原组、山西组的泥岩、砂质泥岩、粉砂岩相阻隔，一般不会对二煤组开采造成影响。在断层导通及二煤组与奥陶系对接部位，该含水层对开采煤层影响较大。

9.2.3 隔水层特征

1. 新生界隔水层段

新生界各含水段之间普遍发育连续稳定的黏土、砂质黏土层，含水层之间一般不存在水力联系。新生界底部普遍有巨厚黏性土层，阻隔了与下伏基岩的水力联系，局部虽有细砂层、次生碳酸盐岩"天窗"存在，在垂向上有一定水力联系，但因该段富水性弱，补给量小，下伏基岩又多为阻水的巨厚层泥岩、砂质泥岩，故新生界孔隙含水层对矿床的开采影响不大。

2. 二叠系隔水层段

二叠系上、下石盒子组岩性多为泥岩、砂质泥岩，岩石致密完整，微具裂隙，也多被钙质充填，累积厚度大，在平面上分布有差异，隔水性能好，阻隔了新生界含水层与山西组二煤组顶板含水层的水力联系，是良好的隔水层段。

二$_1^2$ 煤层底板至石炭系太原组顶部灰岩（K_3 标志层）一般都在 10 m 以上，其间岩性主要为湖相泥岩、砂质泥岩，分布基本稳定，较致密、完整，裂隙相对不发育，隔水性能好，若无断层切割等地质作用影响，能够阻挡太原组灰岩水溃入矿床。

3. 太原组隔水层段

通柘煤田石炭系太原组厚度为 88.35~147.58 m，隔水层岩性以泥岩、砂质泥岩为主，泥岩累计厚度可达数十米，巨厚层状构造，为良好的隔水层，同上覆山西组底部湖相泥岩共同作用，可有效地限制太原组含水层（段）与二$_1^2$煤层间的水力联系，具有较好的隔水性能。

4. 本溪组隔水层段

本溪组不整合于奥陶系灰岩之上，厚 4.36~27.53 m，平均厚度为 19.5 m，岩性为铝土质泥岩、泥岩，层位稳定，岩性致密，隔水性好，仅在厚度较小或受断裂错动地段隔水作用减弱。

9.2.4 构造控水作用

通柘煤田构造形态总体为近东西走向、倾向南的单斜构造，在柘城—睢县以西一带走向北西、倾向南西，地层倾角为 2°~15°，局部达 24° 左右。区内构造形式主要有断层、褶曲，北部发育常寺背斜，南部发育太康向斜、柘城向斜、柘城背斜等。据地震及钻探资料，区内发育 112 条高角度断层，走向以 NE、NNE 为主，其次为 NWW、NEE 向，断层落差在 0~700 m，其中 NE 向断层断距大，延伸远，对二$_1^2$煤层赋存起控制作用。根据胡襄煤整装勘查区钻探取芯及测井解释，有 10 个钻孔穿见 7 条断层（含间接穿见），穿见深度为 1100~1550 m，地层缺失 30~550 m，断层破碎带分层厚度为 0.6~32.75 m，岩性以泥岩为主，含粉砂岩、细砂岩角砾，挤压错动破碎现象明显，斜裂隙发育，泥质充填。在钻孔施工中断层破碎带漏水现象均不明显，推断区内断层含水微弱，导水性差。据区域上永夏矿区断层带抽水试验资料可知，单位涌水量为 0.00005~0.01 L/(s·m)，水温为 25~30 ℃，矿化度为 1.23~2.702 g/L，水化学类型为 SO_4-Ca·Na型。

综上所述，通柘煤田断层以压性或压扭性闭合型断层为主，破碎带内多为角砾、泥质充填，胶结致密，一般富水性弱，导水能力差，对矿床开采影响不大。但应进一步查明断层破碎带的性质及水力特点，为煤矿开采防治水工作提供依据。

9.2.5 充水因素分析

9.2.5.1 充水水源

根据该区地形地貌、地质构造及水文地质条件特征，结合煤层埋藏深度较深且区内无老窑老井，将对开采煤层可能的充水水源类型主要分为地表水及新生界松散岩类孔隙水、煤层顶底板二叠系砂岩裂隙水、石炭系太原组灰岩岩溶裂隙水和奥陶系灰岩岩溶裂隙水。

该区可采煤层均隐伏于新生界松散岩层之下，新生界厚度大，普遍发育单层厚度大、分布连续稳定的黏性土隔水层。新生界底部局部有透镜体状砂层，富水性弱，靠近煤层露头的煤层距新生界底部距离较小或存在"天窗"地段，通过设置保安煤柱以减少对井巷的威胁，因此地表水、松散孔隙地下水对矿床开采一般没有直接影响。$二_1^2$、$二_1^1$煤层顶底板直接充水含水层为二叠系山西组砂岩裂隙含水层，水力性质为裂隙承压水，裂隙不发育且多被方解石膜等充填，富水性较弱，补给不充分，径流条件差，易于疏干，并有多层泥岩、砂质泥岩等隔水层阻水，在无断裂构造影响时同上下含水层（段）无水力联系及对接，因此，煤层顶底板二叠系砂岩裂隙水对开采$二_1^2$、$二_1^1$煤层不会构成大的威胁。石炭系太原组灰岩岩溶裂隙水是可采煤层$二_1^2$、$二_1^1$煤层的间接充水含水层，富水性较强，水头压力大，因距离煤层较近，岩溶裂隙水易沿断裂带突入井巷，成为矿床充水的主要水源，具有突水初期来势猛、随着时间的推移突水量会逐渐变小、以消耗静储量为主的特点，对煤层开采威胁较大，因此煤层开采时应加强太原组灰岩溶岩裂隙承压水的预防工作。奥陶系灰岩岩溶裂隙水是该区煤层开采的主要充水水源，一般情况下对煤矿开采无影响，但受断裂构造导水作用间接对井巷充水，水量大，水头压力大，应加强研究奥陶系灰岩岩溶裂隙水与断裂构造作用对煤矿开采的不利作用。

9.2.5.2　充水通道

该区二叠系山西组$二_1^1$、$二_1^2$煤层大部及局部可采，煤层埋藏深度大，其充水通道主要为以下几类：

1. 裂隙导水

根据钻探编录资料及测井成果分析，该区煤层顶底板含水层岩性以泥质胶结细粒砂岩为主，过水通道以裂隙为主，具不均一性，连通性一般较差，水头压力大，采煤"三带"及底鼓位置裂隙发育，尤其煤层隐伏露头附近上覆基岩厚度较薄，同新生界底部"天窗"相互作用，成为矿坑突水的一个重要充水通道。

2. 断层导水

通柘煤田断层比较发育，断距在 0~700 m，均为高角度正断层，钻进过程中遇断层破碎带挤压破碎现象明显，裂隙多被泥质充填且无明显漏水现象发生，但从邻区煤矿开采突水统计得知，断层、裂隙是造成充（突）水事故的主要通道，是开采的主要威胁，因此，应考虑留设保安煤柱等措施确保采矿安全，不可忽视断层对煤层开采的影响。

3. 钻孔封闭不良导水

各个勘查阶段，钻孔未封闭或封闭不良时会导通地下含水层并成为导水通道，致使矿井发生透水事故，因此，在勘查钻探时一定要严把封孔质量，杜绝因钻孔封闭不良而形成人工导水通道。

4. 井筒导水

煤矿的各类井筒施工中，井筒砌筑质量不好，也会导致地下水沿缝隙以淋水方式进入巷道，对矿井及巷道安全造成威胁，因此，建井时应确保井筒质量，避免井筒外部地下水联通及导水。

综上所述，地表水体、新生界孔隙水和二$_1^2$、二$_1^1$煤层顶底板砂岩裂隙水，对开采煤层没有太大的影响，而间接充水的石炭系、奥陶系灰岩岩溶裂隙水则是矿坑突水的主要来源，裂隙、断层带是导水的主要通道，钻孔封闭不良及井筒导水也不容忽视。因此，应加强底板、断层突水机理的研究和对断层水的勘查与防护。

9.2.6 水文地质勘查类型

通柘煤田勘探目的层为二叠系下统山西组二$_1^2$、二$_1^1$煤层，区内构造特点是次级褶皱、断层发育中等。煤层位于侵蚀基准面以下，被巨厚的新生界松散沉积物覆盖，地表水远离煤层，对矿床开采无影响。二$_1^2$、二$_1^1$煤层顶底板砂岩裂隙水富水性弱，补给不充分，渗透性不强，径流条件差，易于疏干，若无导水断层连通时对煤层开采影响不大。二$_1^2$、二$_1^1$煤层底部太原组上段灰岩含水层虽是间接充水含水层，但富水性较强，水头压力大，开采过程中岩层受地层应力作用和构造破坏时，该灰岩水将会直接充入矿坑成为矿床充水的主要水源。奥陶系灰岩水富水性强，水头高，压力大，断距较大的正断层有可能使奥陶系灰岩直接与煤层对接或与矿床形成水力联系，容易造成突水事故。

根据矿床充水因素分析，按照《煤、泥炭地质勘查规范》（DZ/T 0215—2002）附录 G 划分，该区二$_1^2$、二$_1^1$煤层水文地质勘查类型为第三类第二亚类第二型，即水文地质条件中等的以底板进水为主的岩溶裂隙充水矿床。

9.2.7 供水水源

通柘煤田地表水受到不同程度污染且水量有限。第四系全新统松散岩类孔隙潜水是当地居民饮用及农田灌溉用水的主要水源，分散开采需水量不太大但水质易受污染。第四系全新统和更新统上部冲积层中的浅层地下水（埋深 70 m 以浅）硬度偏高且是农田灌溉及小型工业开发的主要水源。中层地下水（埋深 70~350 m）矿化度一般在 2.5~3.301 g/L，属微咸水，水质差，目前未开发利用。因此，以上 4 类水均不宜作为永久性集中供水水源。

深层地下水（埋深 350~600 m）赋存于新近系冲湖积层中，含水层岩性以细砂为主，单层厚度较大，富水性强，单位涌水量为 2.85~3.6 L/(s·m)，水化学类型以 HCO_3-Na、HCO_3·CL-Na 型为主，矿化度平均为 0.64 g/L（为淡水），总硬度平均为

117 mg/L，属极软水～软水，水温 26 ℃左右。深层地下水是工业用水、生活用水的良好取水水源，但考虑城镇及农村等居民饮水安全，深层地下水可作为备用或应急供水水源。

综上所述，新生界孔隙水不易作为永久性集中供水水源，矿区供水水源应以矿坑排水为主，矿井投产后，通过净化处理矿坑排水做到排供结合，减少地下水资源浪费和矿坑排水引发的环境地质问题。

9.3 工程地质与其他开采技术条件

9.3.1 工程地质特征

9.3.1.1 新生界松散层工程地质特征

该区新生界厚度为 650～1800 m。第四系全新统是由黏土、砂质黏土、粉土、粉砂和细砂交互沉积组成的松散岩层，固结程度较低，相对较疏松。黏土、砂质黏土一般为软塑～可塑状态、高～中压缩性，粉土多松散、饱水；粉砂、细砂一般松散～中密，工程地质条件较差。

第四系更新统和新近系黏性土稍厚，一般为可塑～硬塑状态、中～低压缩性；砂层单层厚度较大但不均一，岩性以细砂、中砂为主，中密～密实，工程地质条件较好。

结合区内水文地质条件，建筑、井筒等工程施工中应采取地基处理、降水、冻结等有效措施，确保施工正常进行。

9.3.1.2 岩石工程地质特征

通柘煤田基岩岩性主要是泥岩、砂质泥岩、砂岩及灰岩，局部有辉绿岩，一般胶结良好，致密坚硬，局部受断裂构造影响可见岩石破碎现象。据岩样分析结果，砂质泥岩、泥岩的抗压强度一般在 25.6～45.2 MPa，属比较软～中等坚固的软化岩石，工程地质条件好；中、细粒砂岩抗压强度一般在 31.3～140.8 MPa，属中等坚固～坚固的不软化岩石，力学强度较高，抗风化能力较强，工程地质条件良好；粉砂岩力学性质介于泥质岩类与中、细粒砂岩之间，属比较软～中等坚固的弱软化岩石，工程地质条件较好。

9.3.1.3 主要可采煤层顶底板岩层工程地质特征

1. 二$_1^2$煤层顶板

二$_1^2$煤层直接顶板为细粒砂岩，次为砂质泥岩、泥岩，裂隙不发育且多被钙质膜充填，厚层状构造，岩石的完整性、稳定性较好；间接顶板多为厚层泥岩、砂质泥岩，次为细砂岩；局部为泥岩、炭质泥岩伪顶。

— 104 —

根据睢西煤整装勘查对 11 孔的二$_1^2$煤层顶板 30 m 范围内岩石的 *RQD* 统计（表 9-1），顶板中岩石分层的 *RQD* 值在 0~85% 之间，依据 MT/T 1091—2008 附录 C "表 C.1 岩石质量等级表"，泥岩类以泥岩、砂质泥岩为主，岩石质量劣的岩体完整性差；砂岩类以细粒砂岩和中粒砂岩为主，粉砂岩次之，岩石质量中等的岩体完整性中等，仅有一层为粗粒砂岩岩石质量好的，岩体完整性较完整。

表 9-1 二$_1^2$煤层顶板岩石 *RQD* 一览表

岩性	层数	厚度/m	RQD/%			
			最大值	最小值	平均值	级别
泥岩	17	69.1	81.6	0	44.4	Ⅳ
砂质泥岩	13	61.1	70	13.3	42.3	Ⅳ
炭质泥岩	1	0.8	0	0	0	Ⅴ
粉砂岩	4	29.7	85	44.4	69	Ⅲ
细粒砂岩	20	95.2	80.3	13.7	50.8	Ⅲ
中粒砂岩	11	64.6	76.9	26.8	55.7	Ⅲ
粗粒砂岩	1	1.8	84.2	84.2	84.2	Ⅱ

根据对胡襄煤整装勘查区中采取的煤层顶板岩样进行的力学测试可知，砂岩类平均抗压强度为 88.62 MPa，岩石强度为坚硬的；泥岩类平均抗压强度为 45.2 MPa，岩石强度为半坚硬的，见表 9-2。

表 9-2 二$_1^2$煤层顶板岩石力学性质一览表

岩石名称	抗压强度/MPa	抗拉强度/MPa	泊松比	视密度/(kg·m^{-3})	真密度/(kg·m^{-3})
泥岩	45.2	4.01	0.19	2633	2757
砂质泥岩		1.12	0.21	2508	2685
粉砂岩	39.6			2637	2756
细粒砂岩	85.2		0.17	2565	2718
中粒砂岩	140.8		0.13	2704	2785
粗粒砂岩	88.9		0.15	2621	2730

一般情况下，砂岩的工程地质性质良好，泥岩、炭质泥岩遇水易变形，工程地质性质差。总体上，二$_1^2$煤层顶板的工程地质性质较好，需要重视伪顶及岩石质量劣、完整性差的泥质类顶板的管理工作。

2. 二$_1^2$煤层底板（二$_1^1$煤层顶板）

二$_1^2$煤层底板（同时也是二$_1^1$煤层顶板）以泥岩、细粒砂岩为主，次为砂质泥岩等。底板岩体微细裂隙可见，多充填方解石膜。

根据睢西煤整装勘查对 11 孔的煤层底板 20 m 范围内岩石的 RQD 统计（表 9-3），底板中岩石分层的 RQD 值在 4% ~ 100%，依据 MT/T 1091—2008 附录 C "表 C.1 岩石质量等级表"，泥岩岩石质量劣的岩体完整性差，砂质泥岩岩石质量中等的岩体完整性中等；细粒砂岩、粉砂岩、石灰岩岩石质量中等的岩体完整性中等，中粒砂岩岩石质量劣的岩体完整性差；菱铁质泥岩岩石质量好的岩体完整。

表 9-3　二$_1^2$ 煤层底板岩石 RQD 一览表

岩性	层数	厚度/m	RQD/%			
			最大值	最小值	平均值	级别
泥岩	22	96.7	78.3	4	44.7	Ⅳ
砂质泥岩	11	49.3	76.8	22.6	53.6	Ⅲ
粉砂岩	3	15.7	60.0	56.2	58.5	Ⅲ
细粒砂岩	16	56.9	93.8	24.4	53.7	Ⅲ
中粒砂岩	4	14.8	60.0	32.0	47.7	Ⅳ
菱铁质泥岩	4	0.9	100.0	84.4	96.1	Ⅰ
石灰岩	2	3.1	57.3	55.0	56.1	Ⅲ

根据对胡襄煤整装勘查区中采取的煤层顶板岩样进行的力学测试可知，砂岩类平均抗压强度为 56.7 MPa，泥岩类平均为 33.8 MPa，岩石强度总体为半坚硬的，见表 9-4。

表 9-4　二$_1^2$ 煤层底板岩石力学性质一览表

岩石名称	抗压强度/MPa	抗拉强度/MPa	泊松比	视密度/(kg·m^{-3})	真密度/(kg·m^{-3})
泥岩	33.8		0.23	2529	2725
砂质泥岩	42	1.06	0.21	2557	2715
粉砂岩	31.3	2.87	0.22	2601	2718
细粒砂岩	52.88	3.54	0.19	2566	2725
中细粒砂岩	85.8			2489	2686

二$_1^2$ 煤层底板 20 m 范围内岩石主要为泥岩类和砂岩类。泥岩类以泥岩、砂质泥岩为主，岩体完整性为差 ~ 中等；砂岩类以细粒砂岩为主，中粒砂岩、粉砂岩次之，岩体完整性中等为主。

3. 二$_1^1$ 煤层底板

二$_1^1$ 煤层底板以泥岩为主，局部见有细砂岩。根据胡襄煤整装勘查项目岩石力学性质测试可知，泥岩抗压强度为 16.1 ~ 41.7 MPa，平均为 23 MPa，岩石强度为软弱 ~ 半坚硬的，岩石强度以软弱的为主。

9.3.2 工程地质条件评价

该区主要可采煤层二$_1^2$、二$_1^1$煤层顶底板是以泥岩、砂质泥岩为主的泥岩类岩石，质量等级为劣的~中等的，岩体完整性为差~中等，岩石强度为半坚硬的。泥质岩类岩石遇水易变形，可能出现片帮、冒顶、底鼓、支柱滑沉等不良工程地质现象，工程地质性质差。以细粒砂岩、中粒砂岩、粉砂岩为主的砂岩类岩石质量中等、岩体完整性中等、岩石强度为半坚硬~坚硬，工程地质性质较好。煤层围岩以泥岩、砂质泥岩、细~粗粒砂岩为主的沉积岩类，岩体具各向异性，强度变化较大，裂隙较不发育，微细裂隙可见，多充填方解石膜，断裂构造使局部岩体遭受破坏而强度降低，工程地质问题以顶板冒落为主，底板稳定性相对较好。

根据通柘煤田地形地貌、地层岩性、地质构造、新生界厚度、地下水特征等因素分析，依据《煤矿床水文地质、工程地质及环境地质勘查评价标准》（MT/T 1091—2008），工程地质勘查类型为第三类，即层状岩类，复杂程度为中等~复杂型。

9.4 环境地质条件

9.4.1 环境地质现状

通柘煤田地处黄河冲积平原，地势平坦，该区以农业为主，是我国重要的粮食主产区，目前未进行煤矿开采及其他井下开采活动，工业较不发达，污染源较少，仅在柘城、睢县、太康县、杞县等城镇附近人类活动地点造成的污染明显，主要为生活废水及工业"三废"，现状条件下除睢县、太康县城镇地质环境质量中等外，其余地区地质环境质量良好。

综上各类地质环境因素评价，该区未来开采会产生局部地面变形，对环境破坏不太大，地表水、地下水质量较好，矿坑排水对地表及地下水体有一定的影响；煤层、夹矸及顶底板岩石稳定，没有其他环境地质隐患，煤炭开采对生态环境及地面建筑、土地将产生一定影响。根据《煤矿床水文地质、工程地质及环境地质勘查评价标准》（MT/T 1091—2008），该区属于环境质量中等区。

9.4.2 地震与区域稳定性

据史料记载，该区历史上发生过一次破坏性地震，即 1525 年 9 月 3 日的柘城 5.75 级地震（北纬 34°06′，东经 115°24′）。另外，1979 年太康张集发生过 2.1 级地震。该区地处华北台东南缘，靠近郯卢断裂地震活动带，故受邻区的地震影响比较频繁，如对该区有影响的最早的地震发生在公元 1522 年鄢陵地区的 5.7 级地震，震级最强的一次为公元 1820 年发生在许昌的 6 级地震，1966 年邢台的 7.2 级地震、1976 年 7 月 28 日唐山的 7.8 级地震、1983 年 11 月 7 日菏泽的 5.9 级地震都波及该区。

根据《中国地震动参数区划图》（GB 18306—2001），参照《工程地质调查规范》（ZDB 14002—89）第 8.5.2 条规定，该区绝大部分的地震动峰值加速度为 0.05g，对应的地震基本烈度为Ⅵ度（图 9-5、表 9-5），地震动反应谱特征周期为 0.4~0.45 s，区域稳定性属区域地壳稳定区（表 9-6）。仅杞县北部地震动峰值加速度为 0.1g，对应的地震基本烈度为Ⅶ度，地震动反应谱特征周期为 0.4 s，区域稳定性属区域地壳较稳定区。因此，建议矿山生产设计时应考虑地震对矿山建设的不利影响。

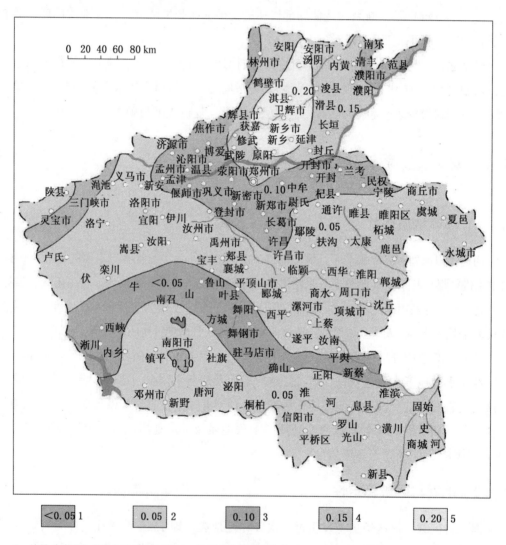

1—地震动峰值加速度小于 0.05g 区；2—地震动峰值加速度为 0.05g 区；3—地震动峰值加速度为 0.1g 区；

4—地震动峰值加速度为 0.15g 区；5—地震动峰值加速度为 0.2g 区

图 9-5　中国地震动峰值加速度区划图（河南省部分）

表9-5　地震动峰值加速度分区与地震基本烈度对照表

地震动峰值加速度	<0.05g	0.05g	0.1g	0.15g	0.2g	0.3g	≥0.4g
地震基本烈度	<Ⅵ	Ⅵ	Ⅶ	Ⅶ	Ⅷ	Ⅷ	≥Ⅸ

表9-6　区域地壳稳定性评价表

地震基本烈度	≤Ⅵ	Ⅶ	Ⅷ	≥Ⅸ
区域地壳稳定性	稳定	较稳定	较不稳定	不稳定

9.4.3　地质灾害评价

通柘煤田属黄河冲积平原区，地表平坦开阔，地面标高为41~64 m，自然坡降为1/7000~1/5000，自然状态下不会发生坍塌、滑坡、泥石流地质灾害，目前区内无煤矿开采及其他地下采矿活动，未引发地面塌陷、地裂缝等地质灾害。现状条件下，该区地质灾害危险性小，危害程度小，属地质环境质量良好。

将来随着矿井建设及煤层开采的进行，除引发地面塌陷、地裂缝等地质灾害外，还将造成含水层变形与破坏、地表水及地下水体污染等环境地质问题，通过采用地基处理、结构加固等有效防治措施，以降低各类地质灾害对建筑物等的危害程度，并因地制宜地综合治理大气、噪声污染，保护生态环境，促进当地经济建设和社会效益。

总之，矿井开发所带来的环境地质问题是一个十分复杂、涉及面广、影响巨大的综合性自然环境及社会问题，建议勘探阶段进行专门的环境地质调查评价工作，以便在矿井建设过程中主动积极开展预测、预防及综合治理等科研工作，为其提供技术上可行、经济上合理的科学依据和防范措施。

9.4.4　矿区水环境特征

目前，区内水资源的开采利用主要以农业灌溉和生活饮用为主，地表水均受到不同程度的污染，取水目的层为浅层地下水和深层地下水，水质相对较好，综合分析认为现状条件下通柘煤田水环境一般。

煤矿开采后，采空塌陷及矿坑排水，将影响采区范围内地下水的补给、径流、排泄条件，使地下水的流场、流向发生局部变化，而且煤矸石堆受大气降水淋滤作用对浅层地下水造成污染，将对区内工农业生产、生活供水及自然生态环境发生作用。在矿井"三带"的影响范围内，基岩地下水可直接渗入矿井。另外，在"天窗"位置新生界深层地下水垂直入渗含煤地层基岩含水层，与含煤地层基岩含水层发生一定的水力联系，随着煤矿开采矿坑排水将形成以矿坑为中心的降落漏斗，使采空区范围深层地下水及基岩裂隙水、岩溶水水位呈下降趋势。

因此，将来矿山建设和生产过程中，应重视区内环境地质问题监测及研究，并采取相应的手段和措施，加强废渣、废水管理以避免矿区水环境受到污染和破坏。

9.4.5 有害物质特征

对睢西煤普查区二$_1^2$煤层顶底板及夹矸中有害元素进行了采样检测（测试结果见表9-7）。按照国家及行业相关标准，二$_1^2$煤层顶底板及夹矸中有害元素评价结果为高铬、高镉、中铅、低汞、中氟、一级含砷。

表9-7 有害元素分析结果表（睢西煤普查区）

层位	微量元素分析$\left(\dfrac{最小\sim最大}{平均（点数）}\right)/10^{-6}$			层位	微量元素分析$\left(\dfrac{最小\sim最大}{平均（点数）}\right)/10^{-6}$		
	As	F	Cr		Hg	Pb	Cd
二$_1^2$煤层底板	$\dfrac{0\sim13}{4（20）}$	$\dfrac{18\sim412}{181（20）}$	76	二$_1^2$煤层底板	0.2	$\dfrac{14\sim67}{30（12）}$	2.4
二$_1^2$煤层顶板	$\dfrac{0\sim11}{3（15）}$	$\dfrac{69\sim254}{167（15）}$	56	二$_1^2$煤层顶板	0.2	$\dfrac{12\sim44}{26（12）}$	2.2
二$_1^2$煤层夹矸	$\dfrac{0\sim36}{4（27）}$	$\dfrac{17\sim296}{139（26）}$	25	二$_1^2$煤层夹矸	<0.1	$\dfrac{0\sim62}{29（21）}$	1.6

对商丘地区胡襄煤普查区二$_1^2$煤层顶底板、夹矸和二$_1^1$煤层夹矸中有害元素进行了采样检测（测试结果见表9-8），按照国家及行业相关标准，二$_1^2$煤层顶底板及夹矸中有害元素评价结果为特低磷~低磷、一级~二级含砷、特低氯，二$_1^2$煤层顶底板全硫为特低硫、夹矸为中硫，二$_1^1$煤层夹矸中有害元素评价结果为低磷、一级含砷、特低氯，全硫为高硫。

表9-8 有害元素分析结果表（商丘地区胡襄煤普查）

层位	微量元素分析/10^{-6}				层位	微量元素分析/10^{-6}			
	CL	P	As	$S_{t,d}$/%		CL	P	As	$S_{t,d}$/%
二$_1^2$煤层底板	$\dfrac{0\sim240}{147（3）}$	$\dfrac{90\sim400}{247（3）}$	$\dfrac{1\sim5}{2.33（3）}$	$\dfrac{0\sim0.16}{0.07（3）}$	二$_1^2$煤层夹矸	$\dfrac{0\sim290}{132.5（4）}$	$\dfrac{60\sim100}{83.3（6）}$	$\dfrac{1\sim14}{5.33（6）}$	$\dfrac{0.1\sim5.02}{1.76（6）}$
二$_1^2$煤层顶板	40	190	1	0.11	二$_1^1$煤层夹矸	70	$\dfrac{90\sim180}{145（4）}$	1	$\dfrac{0.08\sim6.24}{3.02（9）}$

高铬、高镉、中铅、中氟及部分高硫的围岩及夹矸将导致煤矿开采中由固体废渣和矿坑排水引起土壤、地表水、地下水、生态植被、大气等方面污染，对周边人群生活、生产环境造成破坏。因此，进一步的勘探工作中应对环境影响的问题进行预测，并提出有效的预防和治理措施。

10　煤炭、煤层气资源量

10.1　煤炭资源量

10.1.1　资源量估算范围

二$_1^1$、二$_1^2$煤层为该区主要可采煤层，根据《煤、泥炭地质勘查规范》（DZ/T 0215—2002），确定资源量估算对象为二$_1^1$、二$_1^2$煤层。

睢县西部煤普查区和胡襄煤普查区范围内二$_1^2$煤层大部可采，二$_1^1$煤层局部可采。二$_1^2$煤层估算标高为－690～－3960 m，埋深为740～4010 m，资源量估算面积为2559.01 km^2。二$_1^1$煤层资源量估算标高为－700～－2620 m，埋深为750～2670 m，估算面积为901.11 km^2。概查区范围二$_1^2$煤层估算标高为－1580～－1950 m，埋深为1630～2000 m，资源量估算面积为1223.09 km^2。

10.1.2　工业指标

二$_1^1$、二$_1^2$煤层倾角为2°～24°，均小于25°。依据《煤、泥炭地质勘查规范》（DZ/T 0215—2002）确定无烟煤资源量估算的工业指标，胡襄煤普查区将贫煤、焦煤、瘦煤煤层最低可采厚度确定为0.8 m，天然焦参照《豫东地区天然焦资源调查与利用方向研究报告》确定资源量估算的工业指标。

煤层最低可采厚度为0.8 m，煤层最高灰分为40%，煤层最高硫分为3%。煤层最低发热量无烟煤为22.1 MJ/kg，贫煤、焦煤、瘦煤和天然焦为17 MJ/kg。

10.1.3　资源量估算方法

二$_1^1$、二$_1^2$煤层倾角基本小于15°，故采用在二$_1^1$、二$_1^2$煤层底板等高线图上利用地质块段法估算资源量，计算公式为

$$Q = S \times M \times \rho$$

式中　Q——块段资源量，10^4 t；

S——块段平面积，$10^4\ m^2$；

M——块段纯煤平均伪厚，m；

ρ——煤层视密度，t/m^3。

10.1.4 资源量估算结果

睢县西部煤普查区与胡襄煤普查区共计估算二$_1^1$、二$_1^2$煤层（333）+（334）？类资源量1991738万t，其中（333）类资源量279284万t，（334）？类资源量1712454万t。二$_1^1$、二$_1^2$煤层标高-1200 m以浅（333）+（334）？类资源量75729万t，其中（333）类资源量54636万t，（334）？类资源量21093万t。另有天然焦资源量20059万t。具体见资源储量汇总表（表10-1）。

概查区估算二$_1^2$煤层（334）？类资源量827776万t。

表10-1 普查区二$_1^1$、二$_1^2$煤层资源量汇总表

煤层编号	水 平 划 分		面积/万 m²	资源量/万 t		
				（333）	（334）？	（333）+（334）？
二$_1^2$	埋深1200 m以浅		8180.7	29441	10928	40369
	埋深1200~1500 m		42278.34	169848	89096	258944
	埋深大于1500 m		201996.11	52197	1463338	1515535
	小计	埋深1200 m以浅	8180.7	29441	10928	40369
		埋深1500 m以浅	50459.04	199289	100024	299313
		埋深大于1500 m	201996.11	52197	1463338	1515535
		标高-1200 m以浅	10416.46	40702	13505	54207
二$_1^1$	埋深1200 m以浅		8175.56	10818	5597	16415
	埋深1200~1500 m		24577.81	15616	35282	50898
	埋深大于1500 m		55225.92	1364	108213	109577
	小计	埋深1200 m以浅	8175.56	10818	5597	16415
		埋深1500 m以浅	32753.37	26434	40879	67313
		埋深大于1500 m	55225.92		108213	109577
		标高-1200 m以浅	10535.58	13934	7588	21522
二$_1^1$、二$_1^2$	埋深1200 m以浅		16356.26	40259	16525	56784
	埋深1200~1500 m		66856.15	185464	124378	309842
	埋深大于1500 m		257222.03	53561	1571551	1625112
	合计	埋深1200 m以浅	16356.26	40259	16525	56784
		埋深1500 m以浅	83212.41	225723	140903	366626
		埋深大于1500 m	257222.03	53561	1571551	1625112
		标高-1200 m以浅	20952.04	54636	21093	75729

表10-1（续）

煤层编号	水 平 划 分	面积/万 m²	资源量/万t		
			(333)	(334)?	(333)+(334)?
	全区煤炭总计	340434.44	279284	1712454	1991738
	全区天然焦合计	5578	4503	15556	20059

河南省睢县西部煤普查区估算二$_1^1$、二$_1^2$煤层（333）+（334）？资源量1460791万t，其中（333）资源量205377万t，（334）？资源量1255414万t，详见表10-2。

表10-2 睢县西部煤普查区二$_1^1$、二$_1^2$煤层资源量汇总表

煤层编号	水 平 划 分		面积/万 m²	资源量/万t		
				(333)	(334)?	(333)+(334)?
二$_1^1$、二$_1^2$	埋深1200 m以浅		430.26	2772		2772
	埋深1200~1500 m		26985.15	149044	30954	179998
	埋深1500~2000 m		83061.78	53561	653274	706835
	埋深大于2000 m		66575.25		571186	571186
	合计	埋深1200 m以浅	430.26	2772		2772
		埋深1500 m以浅	27415.41	151816	30954	182770
		埋深大于1500 m	149637.03	53561	1224460	1278021
		标高-1200 m以浅	1429.04	9873		9873
	全区总计		177052.44	205377	1255414	1460791

河南省商丘地区胡襄煤普查区估算二$_1^1$、二$_1^2$煤层（333）+（334）？资源量530947万t，其中（333）资源量73907万t，（334）？资源量457040万t，详见表10-3。

表10-3 胡襄煤普查区二$_1^1$、二$_1^2$煤层资源量汇总表

煤层编号	水 平 划 分		面积/万 m²	资源量/万t		
				(333)	(334)?	(333)+(334)?
二$_1^1$、二$_1^2$	埋深1200 m以浅		15926	37487	16525	54012
	埋深1200~1500 m		39871	36420	93424	129844
	埋深1500 m以深		107585		347091	347091
	合计	埋深1200 m以浅	15926	37487	16525	54012
		埋深1500 m以浅	55797	73907	109949	183856
		埋深大于1500 m	107585		347091	347091
		标高-1200 m以浅	19524	44763	21093	65856
	全区总计		163382	73907	457040	530947

— 113 —

10.2 煤层气资源量

依据《煤层气资源/储量规范》中煤层气储量计算边界条件，以达到无烟煤-贫煤类型煤层气含气量下限 8 m³/t、气煤-瘦煤类型煤层气含气量下限 4 m³/t 进行初步评价。

对煤层达到可采厚度以上煤层，按照《煤层气测定方法（解析法）》和《地勘时期煤层瓦斯含量测定方法》进行了采样测试，按睢县西部煤普查区和胡襄煤普查区分别估算煤层气资源量。

10.2.1 河南省睢县西部煤普查区

《河南省睢县西部煤普查报告》按照煤层气资源/储量规范的要求，对二$_1^2$煤层煤层气资源量进行了推测估算。

煤层气含量测试按《地勘时期煤层瓦斯含量测定方法》执行。二$_1^1$煤层采集 8 孔 12 个样，二$_1^2$煤层采集 70 孔 169 个样，二$_1^1$煤层瓦斯成分甲烷浓度小于 80%，应属氮气~甲烷带，甲烷含量达不到煤层气资源/储量规范含气量下限，故未进行煤层气资源/储量估算。二$_1^2$煤层在睢县西部含煤区和太康含煤区一带瓦斯成分甲烷浓度大于 80%，为甲烷带，甲烷含量达到煤层气资源/储量规范中含气量下限。

1. 煤层气计算煤层边界条件

煤层厚度为 0.8 m，煤层埋深 1200~2000 m，煤层气气含量为 8 m³/t，甲烷成分大于 80%，煤的变质程度较高，$R_{o,max}$ 大于 2.63%。

2. 计算方法与参数的确定

1）计算方法

按煤层气资源储量规范，采用体积法对煤层气资源量进行计算。

2）估算参数

（1）面积。煤层气含量大于 8 m³/t 的面积为 647.14 km²，在煤层底板等高线图上利用 MAPGIS 地理信息系统软件直接求出，其方法简便，且精度高。

（2）煤层厚度。参加煤层气资源量计算的煤厚点为纯煤厚，采用见煤点煤厚的平均值 5.3 m 进行计算。

（3）视密度。采用见煤点煤芯煤样（去灰）测试结果的平均值 1.22 t/m³。

（4）含气量采用二$_1^2$煤层采集 70 孔 169 个样平均含气量 15.39 m³/t（去灰）计算。

3. 资源量计算结果

推测二$_1^2$煤层煤层气地质资源量为 643.98 亿 m³。

10.2.2　河南省商丘地区胡襄煤普查区

胡襄煤普查区对二$_1^1$、二$_1^2$煤层进行了煤层气综合勘查。《河南省商丘地区胡襄煤普查报告》对该区煤层气资源量进行了推测估算。

二$_1^2$煤层瓦斯测试结果中，天然焦样瓦斯含量为 0.96 m^3/t，贫煤瓦斯含量在 4.02~14.23 m^3/t 之间，平均值为 8.61 m^3/t，其中含量小于指标下限值（8 m^3/t）的有 8 个孔，含量超过指标下限值（8 m^3/t）的有 7 个孔。瘦煤、焦煤瓦斯含量在 3.42~12.86 m^3/t 之间，其中含量小于指标下限值（4 m^3/t）的有 2 个孔，含量超过指标下限值（4 m^3/t）的有 12 个孔。瓦斯成分主要有 CH_4、CO_2、N_2，其他成分微量。

二$_1^1$煤层瓦斯测试结果中，天然焦样瓦斯含量为 1.07 m^3/t，贫煤瓦斯含量在 1.93~14.69 m^3/t 之间，平均值为 7.87 m^3/t，其中含量小于指标下限值（8 m^3/t）的有 8 个孔，含量超过指标下限值（8 m^3/t）的有 7 个孔。焦煤瓦斯含量在 1.50~17.51 m^3/t 之间，其中含量小于指标下限值（4 m^3/t）的有 2 个孔，含量超过指标下限值（4 m^3/t）的有 5 个孔。瓦斯成分主要有 CH_4、CO_2、N_2，其他成分微量。

胡襄煤普查区二$_1^2$、二$_1^1$煤层见煤深度为 848.26~1536.73 m，随着煤层埋深的增加瓦斯含量也逐渐增高，但 1200~1400 m 区间内的煤层瓦斯含量总体高于区间之外的煤层瓦斯含量。该区中部（柘城胡襄子区）煤层埋深 1050 m 以深为甲烷带（瓦斯带），煤层埋深 1050 m 以浅为氮气-甲烷带（瓦斯风化带），其他地段煤层均为氮气-甲烷带（瓦斯风化带）。依据相关规范，初步估计胡襄煤普查区二$_1^2$煤层及二$_1^1$煤层推测的煤层气地质资源量约 438.48 亿 m^3。

10.2.3　煤层气资源量

综上所述，估算二$_1^2$煤层及二$_1^1$煤层煤层气地质资源量合计为 1082.46 亿 m^3，其中睢县西部煤普查区煤层气地质资源量为 643.98 亿 m^3，胡襄煤普查区估算煤层气地质资源量约 438.48 亿 m^3。

通柘煤田整体上煤层气含量较高，资源较丰富，具有抽采利用价值。下一步工作时应重视煤与煤层气的综合勘查评价工作，获取各种煤层气参数，从而对其资源储量和抽采利用价值作出进一步详细的评价。

11 社会经济意义及勘查开发建议

11.1 资源开发技术条件

由于通柘煤田勘查程度较低，不具有进行初步可行性研究和可行性研究的条件，因此仅进行经济意义概略研究。

11.1.1 内部条件

1. 构造条件

通柘煤田东区为走向近东西向、倾向南的单斜构造，地层倾角一般在 2°~15° 之间。中北区为走向北西、倾向南西、倾角为 3°~10° 的单斜构造。中南区睢 DF_{10} 断层以西至崔桥断层为一地层走向北东、倾向北西、倾角为 3°~12° 的单斜构造；睢 DF_{10} 断层以东为一形态不完整、轴向 SE 的不对称向斜构造（倾角 3°~22°），被走向 NE、倾向 SE 的断层所切割。西区总体为中间浅，向四周逐渐变深的背斜构造，倾角 6°~20°。

受后期构造的改造，局部发育了 6 个次级褶皱。煤田共发育断层 112 条，均为高角度的正断层，走向以 NE、NNE 为主，断层对煤系地层的走向及展布形态变化有一定的影响。综合评价构造复杂程度为中等。

2. 煤层、煤质

主可采煤层二$_1^2$煤层厚度为 0.03~12.4 m，平均厚 4.54 m，中厚~厚煤层，煤层结构简单，局部含 1~2 层夹矸，为较稳定的全区大部可采煤层。二$_1^2$煤层煤类在煤田中部为无烟煤 3 号，煤田东部以贫煤为主，含少量焦煤、瘦煤及天然焦。无烟煤煤质特征为低灰、低硫、特低氯、低磷、特低挥发分、高热值，贫煤为低灰、特低硫、特低~低磷、特低氯、特高热值、不黏结煤，可作为工业用煤和民用燃料。

二$_1^1$煤层厚度为 0.08~4.16 m，平均厚 1.49 m，局部可采，煤层结构较复杂，常含 1~2 层夹矸。二$_1^1$煤层煤类在煤田中部为无烟煤 3 号，煤田东部以贫煤为主，含少量焦煤及天然焦。无烟煤煤质特征为低灰、低硫、特低氯、高氟、低铅、低磷、特低挥发分、高热值，贫煤为中灰、中高硫、高热值、不黏结煤，焦煤为中灰、中高硫、高热值、较高~高软化/流动温度灰、强黏结煤，可用于动力用煤或民用燃料。

3. 开采技术条件

二$_1^2$煤层的充水水源主要为地下水，太原组上段灰岩含水层和山西组二$_1^2$煤层顶板砂岩裂隙水均为二$_1^2$煤层直接充水水源。该区二$_1^2$煤层水文地质勘查类型为第三类第二亚类第二型，即矿床充水以底板岩溶裂隙水为主的水文地质条件中等类型。

煤田内新生界及基岩工程地质条件较好；二$_1^2$、二$_1^1$煤层顶底板的细砂岩、泥岩多为块状结构，为较软~较坚硬岩，裂隙不发育，富水性弱，煤层顶底板属于稳定~中等稳定型。

二$_1^2$煤层的瓦斯含量平均值为 11.32 m³/t，二$_1^1$煤层瓦斯含量平均值 3.82 m³/t，成分多以 CH$_4$ 为主，瓦斯含量较大。

区内地温变化具有一定的规律性，地温随埋深的加深而增大。钻孔揭露区内二$_1^2$煤层地温变化在 44.14~72.07 ℃区间，整体属二级热害区。

二$_1^2$煤层属有煤尘爆炸性煤层。二$_1^2$煤层自燃等级为 II 级，属自燃煤层。

11.1.2 外部条件

该区位于豫东平原，其供电、供水、交通较为方便，矿井建设的外部条件优越。

1. 运输条件

煤田东北部距商丘市约 30 km，西距郑州市约 140 km。京广铁路从煤田西部通过，北部有陇海铁路，且陇海、京九两大铁路在商丘十字相交，距陇海铁路民权站仅 10 km，距京九铁路商丘站约 35 km。北部有连霍（连云港—霍尔果斯）高速公路和 310 国道，商周高速公路、G105 纵贯煤田东部，另有多条乡镇公路与该区相连，地势较为平坦，矿产品外运和原材料运至煤田内较便捷。

2. 电力供应

华中电网输电路在煤田内通过，供电便利。

3. 供水

煤田内新生界平均厚度 1083.01 m，具浅、中、深、超深 4 层地下水，含水层次多，水位埋藏浅，水量丰富，现在当地仅开发浅层水，为将来矿产开发提供了充足的水资源保障。矿井建成后，矿井排水经净化处理后作为井下消防洒水水源，水源可靠。

4. 原材料、建筑材料来源

矿山建设所需钢、木、砂、石、水泥及其他原材料、建筑材料均需由外地调入，运输条件优越，可以得到充分保证。

5. 劳动力来源

煤田内及周边人烟稠密，人多地少，劳动力富余，将来矿山建设所需劳动力来源丰富。

11.2　评价方法及技术经济指标的选取

11.2.1　评价方法的选择及依据

除东北部的柘城县胡襄子区外，煤田内其他地段煤层埋藏普遍较深或受岩浆岩影响变质为天然焦，暂不具备开采价值，故仅对柘城县胡襄子区进行矿床开发经济意义概略研究。

经济意义评价方法参照 1991 年出版的《矿床技术评价方法及参数》选择有关参数及计算公式，结合拟定的生产规模和目前煤炭产品的市场价格、政府税收政策等因素，对矿床进行静态的经济评价。即从矿山企业的角度出发分析测算矿山开发的经济价值和社会效益，从而判断矿床开发的可行性。

评价依据：

（1）国家现行财税制度，现行市场价格。

（2）通柘大煤田报告成果。

（3）1991 年出版的《矿床技术评价方法及参数》。

（4）《煤炭工业矿井设计规范》。

11.2.2　评价技术经济指标的选择

1. 投资

根据区内煤层赋存情况、构造发育及资源，应采用地下开采方式，结合矿床开采内外部条件，年生产规模和开采方式，类比邻区和当地类似企业的经验指标，拟定矿山基建总投资金额约为 20 亿元。

2. 年总开采成本

结合毗邻地区类似采矿方式的矿山情况，未来矿山企业的单位生产成本为 450 元/t（包含折旧费）。

3. 产品产量与市场价格

按照拟定的矿山生产规模估算产品产量，根据产品的工业用途，确定产品的现行市场价格。

（1）产品产量。按年工作天数 330 d、生产能力为 300 万 t/a 确定。

（2）产品市场价格。产品以贫煤为主，主要作为动力用煤和民用燃料，其市场价格按 650 元/t 计算。

4. 矿山税种及税率

（1）增值税。

（2）城市建设维护税按增值税的 5% 计算。

（3）教育附加费按增值税的 3% 计。

（4）矿产资源税按当地实际执行标准 8 元/t 计算。

（5）矿产资源补偿费按有关规定以销售收入的 1% 计算。

（6）所得税按应纳税所得额的 25% 计算。

11.3　经济效益分析

柘城县胡襄子区二$_1^2$煤层及二$_1^1$煤层埋深在 1500 m（标高-1450 m）以浅的（333）类资源量 73907 万 t。经济效益分析采用静态的经济评价。

11.3.1　保有可采资源储量和矿山服务年限

依据《煤炭工业矿井设计规范》（GB 50215—2005），（333）类资源量可信度系数取 0.6，资源量备用系数取 1.4，采区采出率取 80%，则

设计利用保有资源量=资源量×资源量可信度系数=73907×0.6=44344.2 万 t

保有可采资源储量=设计利用资源储量×可采系数（中厚煤层）

= 44344.2 万 t×0.8=35475.36 万 t

矿区生产能力按煤矿假设核定生产能力（300 万 t/a）确定，属大型煤矿山规模，则矿山服务年限采用公式为

$$t = \frac{Q_s}{qK}$$

式中　　q——矿山年生产能力，万 t/a；

　　　　Q_s——全区保有可采储量，万 t；

　　　　K——储量备用系数，一般为 1.4；

　　　　t——矿山服务年限，a。

柘城县胡襄子区二$_1^2$煤层及二$_1^1$煤层矿山服务年限为 t = 33475.36/（300×1.4）≈ 84 年。

11.3.2　矿产品价值和年销售收入

1. 资源量潜在价值

资源量潜在价值=煤炭总可采出资源储量×市场价格

=35475.36 万 t×650 元/t≈2305.9 亿元

2. 年销售收入

$$年销售收入=年生产规模×市场价格$$
$$=300 万 t/a×650 元/t=19.5 亿元/a$$

11.3.3 年开采总成本

开采成本按 450 元/t 计算（包含折旧费），则年开采总成本=年生产规模×单位开采成本=300 万 t/a×450 元/t=13.5 亿元/a

11.3.4 固定资产投资

用技术经济扩大指标法估算，投资总额约为 20 亿元。

11.3.5 各项税收和税率

1. 增值税

每年应缴增值税=年销售额÷1.17×0.17=195000 万元÷1.17×0.17=28333.33 万元

2. 城市建设维护税及教育费附加

城市建设维护税按应缴增值税的 5% 计算，教育附加费按应按缴增值税的 3% 计算，则

$$城市建设维护税=28333.33 万元×5\%=1416.67 万元$$
$$教育附加费=28333.33 万元×3\%=850 万元$$

3. 矿产资源税

按当地实际执行标准为 8 元/t 计算，年应缴矿产资源税=300 万 t×8 元/t=2400 万元。

4. 矿产资源补偿费

按照规定以销售收入的 1% 计算，则年应缴矿产资源补偿费=195000 万元×1%=1950 万元。

5. 所得税

统一按应缴纳税所得额的 25% 计算应缴纳税额，则所得税为

(195000−135000−28333.33−1416.67−850−2400−1950)×25%=6262.5 万元

11.3.6 企业年利润

经过计算，企业年生产综合成本为 176212.5 万元，企业年净利润为 195000−176212.5=18787.5 万元。

具体见表 11-1。

表 11-1　经济效益分析结果表

项　目		单位	技术经济指标	计算结果
埋深 1500 m 以浅资源量	推断的资源量	万 t		73907
	预测的资源量	万 t		109949
可采资源量		万 t		35475.36
开采采出率			60%	
年工作天数		d		330
煤日产量		t		9091
年产量		万 t		300
矿山服务年限		a		84
煤炭单价		元/t		650
年开采成本		元/t	450	135000
资源量潜在价值		亿元		2305.9
年销售收入		万元/a		195000
税收	增值税		17%	28333.33
	城市建设维护税		5%	1416.67
	教育附加费		3%	850
	矿产资源税		8 元/t	2400
	矿产资源补偿费		1%	1950
	所得税		25%	6262.5
	小计			41212.5
年利润		万元		18787.5

11.4　综合评价

通柘煤田大部分区域还不具备开发条件，但煤田东北部的柘城县胡襄子区开采技术条件尚可，区内煤层厚度较大，结构简单，赋存较稳定，煤质优良，构造中等，水文条件简单，资源量达到大型规模。外部建设条件基本具备，有优越的区位优势，产品有良好的市场，计算出的年利润、总利润等多项衡量矿山企业的经济指标达到行业先进水平。该区潜在效益较好，进一步勘查开发后必将带来良好的经济和社会效益，推动地区经济发展。

11.5 勘查开发建议

我国能源资源赋存特点是富煤贫油少气，因此煤炭是我国的基础能源和重要原料，在国民经济中占有重要的战略地位。我国是煤炭生产大国，产量位居世界第一位，同时也是煤炭资源消费大国，煤炭在我国一次性能源生产结构中的比重一直在70%以上。煤炭资源作为我国主要的能源和重要的工业原料之一，煤炭产业在我国能源工业和国民经济中占有举足轻重的地位，煤炭产业的可持续发展关系着国民经济的健康发展及国家的能源安全。近两年来，受经济周期的影响，国内、国际市场煤炭价格波动较大，煤炭需求量波动明显，煤炭产能过剩的风险不断显现，煤炭在一次能源结构中的比重可能有所下降，但根据国务院制定的《能源中长期发展规划纲要（2004—2020）》，在未来几十年内，煤炭依然是我国的主要能源，以煤炭为主的能源结构尚难以改变，并且伴随着煤炭用途和使用工艺的变化，促进了煤电、煤化工产业链的不断延伸，尤其是以煤炭气化和煤炭液化为核心的现代煤炭转化技术的发展、煤炭替代石油的程度有正在加深的趋势，未来20年煤炭需求仍会很大。

河南省是我国重要的产煤大省，煤炭资源丰富、煤种齐全，是国家规划的14个大型煤炭基地之一，煤炭产量连续多年居全国前列，素有"千载煤州"之称，煤炭资源的开采利用也是河南省的支柱产业之一，地位显著。据相关资料显示，河南省埋深2000 m以浅含煤面积约19000 km²，占全省面积的11%；全省129个县（市）中，已知有52个市、县有煤炭资源赋存，煤系地层总面积达到6.28万km²，占全省总面积的近40%，保有煤炭资源储量245.1亿t。

经过多年的发展，河南省煤炭产业形成了平顶山、焦作、郑州、鹤壁、永城、义马6个大型煤炭基地，基本形成了以煤为本、多元发展的产业布局，煤炭业经济效益增长迅速，产量和生产能力得到大幅提升。但河南省现有可供利用的大型井田在2010年前已被全部规划利用，煤矿后续资源接替较为紧张。据相关统计资料知，河南省煤炭资源保有储量目前已开发利用约50%，尚未开发的122.6亿t煤炭资源因埋藏较深、地质条件复杂和因地上建设工程占用等原因，实际能够开采利用的仅占资源储量的64%，并且开采难度较大，现有的设备条件及技术水平难以保证资源的有效开采。目前，河南的六大煤电集团公司，除永城和郑州两地可供建井的资源储量较充裕外，焦作、义马、鹤壁能够建井的资源量很少，平顶山地区虽然远景资源量有一定的保证，但由于深井建设和矿井热害等原因严重制约着资源的开发利用，所以很多矿区面临资源枯竭的严重局面，急需寻找后备资源。如果不采取积极措施，数年之后河南工业将有可能面临无米之炊的危险。所以加大投入、加快煤炭资源勘查开发是河南工业发展的需要，是河南经济建设、社会发展的需要。

　　豫东地区为我国较为重视的东部中深部找煤区，通柘煤田则为新近发现的豫东平原地下隐伏的大型煤田，西起通许，东到柘城，且位于地质学上的通许隆起，该煤田的特点就是埋藏较深（普遍埋深在 800 m 以下），除了柘城县胡襄勘查区外，其他区块近期还不具备开发条件，但随着矿业技术进步，这里将会成为开发的重点。在现有的经济技术条件下，可先对煤田内的柘城县胡襄勘查区进一步提高勘查程度后开发利用，其他地区可作为河南省后备煤炭资源基地，待开采技术条件成熟后统一规划开发。

12 结　　语

通柘煤田自2004年在该区内分区块设置了多个预查项目，在普查阶段经过河南省多个地质勘查单位3年多的合力攻坚，查清了通柘煤田这条巨型"乌龙"的基本情况，取得了以下几个方面的初步认识和结论：

（1）确定了该区地层层序，详细划分了含煤地层。该区发育地层由老至新有奥陶系中统马家沟组、石炭系中统本溪组、石炭系上统太原组、二叠系下统山西组与下石盒子组、二叠系上统上石盒子组与石千峰组、新近系、第四系。二叠系下统山西组为该区主要含煤地层。

（2）了解了该区新生界厚500~1800 m，大部分在900~1300 m之间，新生界西部、东部和中部较薄，向北向南厚度逐渐变厚。

（3）通柘煤田主体位于华北坳陷之次级构造单元通许隆起，根据其总体构造特征，通柘煤田可分为4个二级构造区：胡 DF_7 断层以东为东区，睢县西部普查区96勘探线以北、杞县断层（F_{Q30}）以东为中北区，96勘探线以南、杞县断层（F_{Q30}）以东、胡 DF_7 断层以西为中南区，杞县断层（F_{Q30}）以西为西区。各区的构造形态为：东区为走向近东西向、倾向南的单斜构造，在煤田东端的沙集—宋集一带地层转折呈南北走向，地层倾角一般在2°~15°之间，多在3°~12°之间。中北区构造形态为走向北西、倾向南西、倾角为3°~10°的单斜构造。中南区睢 DF_{10} 断层以西至崔桥断层为一地层走向北东、倾向北西、倾角为3°~12°的单斜构造；睢 DF_{10} 断层以东煤系地层走向变化较大，构造形态为一轴向 SE 的不对称向斜构造（倾角3°~22°），被走向 NE、倾向 SE 的断层所切割，形态不完整。西区总体为中间浅，向四周逐渐变深的背斜构造，倾角为6°~20°。

（4）通柘煤田石炭系、二叠系含煤地层中以山西组二$_1$煤为主要可采煤层，勘查区内从伯岗乡以东到沙集乡分叉为两层，分别为二$_1^1$煤层和二$_1^2$煤层。二$_1^2$煤层厚0.03~12.4 m，平均厚4.54 m，结构简单，全区大部可采，属较稳定煤层；二$_1^1$煤层厚0.08~4.16 m，平均厚1.49 m，结构简单，全区局部可采，属不稳定煤层。

（5）通柘煤田的二$_1^2$煤层均为低灰、低~特低硫、特低~低磷、特低氯、高~特高热值、较高软化温度灰煤，其中无烟煤、贫煤可以做动力用煤和民用燃料。瘦煤和焦煤整体上属特低硫煤，但平均灰分大于12%。按炼焦用煤的标准属高灰煤，难以制出质量达到要求的焦炭，目前来看只宜做动力用煤。二$_1^1$煤层为中灰、高热值、较高软化流动温度灰煤。二$_1^1$煤层无烟煤类属低硫煤，可以做动力用煤和民用燃料。但贫煤、焦煤属中高硫煤，若加以利用，会造成严重的环境污染。

另外，通柏煤田东部赋存有部分天然焦。二$_1^2$煤层天然焦主要指标为中灰、特低硫、特低磷、特低氯、一级含砷、中热值、高软化温度灰、高流动温度灰；二$_1^1$煤层天然焦为高灰、中高硫、低磷分、特低氯、一级含砷、低热值。天然焦与煤相比灰分偏高，发热量偏低，且具有热爆性，一般可作为制造电石的原料，或经预热处理后用于煤气或水煤气发生炉的燃料、代替冶金焦用于炼铁、烧石灰等。

（6）大致了解了勘查区水文地质条件，水文地质勘查类型为第三类第二亚类第二型，即水文地质条件中等的以底板进水为主的岩溶裂隙充水矿床。初步划分了4个含水层和4个隔水层。

（7）根据通柏煤田地形地貌、地层岩性、地质构造、新生界厚度、地下水特征等因素分析，依据《煤矿床水文地质、工程地质及环境地质勘查评价标准》（MT/T 1091—2008），工程地质勘查类型为第三类，即层状岩类，复杂程度为中等~复杂型。

（8）睢县西部煤普查区与胡襄煤普查区共计估算二$_1^1$、二$_1^2$煤层（333）+（334）？类资源量1991738万t，其中（333）类资源量279284万t，（334）？类资源量1712454万t。二$_1^1$、二$_1^2$煤层标高-1200 m以浅（333）+（334）？类资源量75729万t，其中（333）类资源量54636万t，（334）？类资源量21093万t。另有天然焦资源量20059万t。概查区估算二$_1^2$煤层（334）？类资源量827776万t。

估算二$_1^2$煤层及二$_1^1$煤层煤层气地质资源量合计为1082.46亿 m³。